77 Pflanzen-Sensationen

Karin Greiner / Edith Schowalter

77 Pflanzen-Sensationen

DIE ÄLTESTEN, DIE KLEINSTEN, DIE KRIMINELLSTEN, DIE ERFOLGREICHSTEN

Deutsche Verlags-Anstalt

Inhalt

Vorwort

Der Radiosender Bayern 1 wollte seinen Hörern gute Gartentipps liefern. Die Journalistin Edith Schowalter machte sich auf die Suche nach einem Experten, suchte und suchte, und fand schließlich: die Diplom-Biologin Karin Greiner.

Das ist mittlerweile fast 20 Jahre her, aber bis heute arbeiten die beiden bei Bayern 1 zusammen, wo Karin Greiner jeden Samstag nicht nur die Fragen der Hörer beantwortet, sondern auch spannende Einblicke in die faszinierende Welt der Pflanzen gibt.

Die journalistische Neugier der Radiofrau auf der einen Seite, das fundierte Fachwissen der Diplom-Biologin auf der anderen – so kommen die beiden gemeinsam auf immer neue Themen:

Edith Schowalter: „Du Karin, ich hab' gelesen, dass es eine Pflanze gibt, mit Blüten, die ausschauen wie ein Insektenweibchen und auch noch so riechen! Damit lockt sie Insektenmännchen zur Bestäubung an. Das ist doch Betrug!"

Karin Greiner: „Ja, das ist die Hummel-Ragwurz, aber da gibt's noch viel fiesere Methoden, wie Insekten zur Bestäubung genötigt werden! Der Aronstab etwa sperrt Fliegen ein und lässt sie erst wieder frei, wenn die Bestäubung erfolgt ist."

Edith Schowalter: „Das ist ja Freiheitsberaubung! Gibt's da noch mehr Beispiele für solch kriminelle Machenschaften im Pflanzenreich?"

Karin Greiner: „Ja, ohne Ende! Das geht bis zum Kindsmord."

Edith Schowalter: „Unglaublich. Ich dachte, Pflanzen tun alles, um sich zu vermehren? Wie können sie da ihre eigenen Kinder umbringen?"

Karin Greiner: „Natürlich wollen sie sich vermehren, aber gleichzeitig müssen sie auch die Konkurrenz ausschalten. Darum scheidet zum Beispiel der Walnussbaum über seine Blätter und Wurzeln Juglon aus. Das ist ein Stoff, der wachstums- und keimhemmend wirkt. Das führt dazu, dass der Walnussbaum auch seine eigenen Nachkommen vergiftet, wenn sie ihm zu nahe kommen."

Edith Schowalter: „Sensationell!"

Von Journalisten heißt es ja, dass sie immer auf der Jagd nach Sensationen sind. Karin Greiner weiß so viel über die Pflanzenwelt, dass sie immer wieder sensationelle neue Erkenntnisse präsentieren kann. Dass die 77 spannendsten Pflanzen-Sensationen jetzt als Buch herauskommen, ist der DVA und der großartigen Unterstützung von Roland Thomas, Monika Pitterle und dem Verlag zu verdanken. Karin Greiner und Edith Schowalter möchten sich an dieser Stelle für die sensationell angenehme Zusammenarbeit bei ihm bedanken: „Alles Gute, Herr Thomas, für Sie und für Ihren eigenen Garten, in dem Sie nun endlich mehr Zeit verbringen können."

Den Lesern wünschen die beiden Autorinnen besonderes Vergnügen beim Lesen! Pflanzen sind einfach sensationell.

Karin Greiner, Edith Schowalter

Bäume, die in den Himmel wachsen: Redwood

1

Heimische Baumarten werden selten höher als 40 Meter. In tropischen Regenwäldern erreichen die größten Baumriesen schon die Hälfte mehr. Den absoluten Höhenrekord unter den Bäumen aber halten die Küstenmammutbäume Nordamerikas, es sind Wolkenkratzer in Grün.

Der höchste Baum der Welt steht in einem Nationalpark im Norden Kaliforniens. Der Redwood oder Küstenmammutbaum *(Sequoia sempervirens)* misst etwas mehr als 115 Meter. Seine Entdecker haben ihn nach einem Titanen der griechischen Mythologie „Hyperion" genannt. Stünde der Baum neben dem Petersdom in Rom, könnte ein Eichhörnchen vom Gipfel direkt in die Domkuppel schauen. Damit ist er fast doppelt so hoch wie Deutschlands höchster Baum: „Waldtraut vom Mühlwald" mit ihren 65 Metern, eine Douglasie *(Pseudotsuga menziesii)* nahe Freiburg im Breisgau.

Für seine enorme Höhe zahlt Hyperion allerdings einen hohen Preis: Der Wassertransport von den Wurzeln bis zum Gipfel erreicht bei solchen Entfernungen seinen natürlichen Grenzwert. Das Gewicht der Wassersäule in den Wasserleitbahnen wird zu hoch. Das ist auch der Grund, warum kein Baum viel höher wachsen kann. Tatsächlich leidet der Gipfel des Baums unter permanentem Wassermangel. Die Photosyntheserate beträgt in der Gipfelregion nur noch 16 Prozent des Wertes in 50 Meter Höhe.

Küstenmammutbäume tragen verschiedene immergrüne Blätter. Nadelblätter, die denen von Eiben ähneln, reihen sich spiralig oder wie Fischgräten um die Zweige in den unteren, beschatteten Kronenbereichen. Im stark der Sonne ausgesetzten Gipfel liegen den Trieben nur noch winzige Schuppenblätter an.

Mann, ist der dick, Mann! Sumpfzypresse

2

Diese Übung hat wohl jede Kindergartengruppe irgendwann gemacht: Wie viele Kinder sind nötig, um den dicksten Baum des Ortes zu umfassen? Wenn es mehr als ein halbes Dutzend Kinder bedurfte, um einen Kreis um den Stamm zu bilden, war der Baum schon sehr eindrucksvoll. Mächtige alte Eichen oder Linden weisen oft einen Umfang von 5 Metern und mehr auf. Im niedersächsischen Ort Heede im Emsland steht eine Sommerlinde *(Tilia platyphyllos)* in einem Park, deren Stamm sogar einen Umfang von mehr als 17 Metern aufweist. Den Weltrekord aber hält ein Baum, der fast dreimal so dick ist.

Den dicksten Stamm der Welt hat eine Mexikanische Sumpfzypresse *(Taxodium mucronatum)*, der legedäre „Baum von Tule". Er steht im Hof der Kirche der Ortschaft Santa Maria del Tule im mexikanischen Bundesstaat Oaxaca. Die Kirche wirkt neben dem Baum im Kirchgarten unproportioniert, wie ein Modellbau. Das liegt nicht daran, dass es sich um ein kleines Gotteshaus handeln würde, sondern am überdimensionalen Wuchs des Baums. Die Menschen haben ihm die Titel „El Gigante" (der Riese) oder schlicht „El Árbol" (der Baum) verliehen. Nach offiziellen Angaben der mexikanischen SEDUE (Secretaría de Desarrollo Urbano y Ecológico) hat der „Baum von Tule" bei einer Höhe von 41,85 Metern ein Gewicht von 636,107 Tonnen. In Bodennähe beträgt sein Umfang 46 Meter. Nicht weniger als 30 Leute sind nötig, um den Stamm zu umfassen.

Fast hätte der ganze Stolz des Dorfes und die touristische Hauptattraktion der Gegend aber schon das Zeitliche gesegnet. In den 1990er-Jahren schien die Sumpfzypresse dem Untergang geweiht. Ihre hochgereckten Äste, die eine Krone wie eine gotische Kathedrale formen, starben von den Spitzen her ab. Durch die Entwässerung des einstigen Sumpfgebiets – Tule heißt Sumpf – litt die Sumpfzypresse zusehends. Nachdem man den Verkehr umgeleitet hat, Touristen auf Abstand hält und für Bewässerung sorgt, steht „El Árbol" noch ein langes Leben in Aussicht.

Sumpfzypressen waren neben Mammutbäumen, Ginkgos und anderen Baumarten vor rund 30 Millionen Jahren in Europa weitverbreitet. Durch das Absinken der Wälder im moorigen Untergrund und Überlagerung von Sand und Ton entstanden dicke Torfschichten. Unter Luftabschluss und hohem Druck wurde daraus schließlich Braunkohle.

Superschwergewicht: Mammutbaum

3

Mit einem Gewicht von 200 Tonnen und einer Länge von über 30 Metern gilt der Blauwal als das schwerste Tier, das jemals auf dem Erdball lebte. Selbst die größten Saurier waren höchstens halb so schwer. Um ihn aufzuwiegen, wären 3000 Menschen nötig. In der höchsten Gewichtsklasse der Lebewesen wird der Blauwal aber noch übertrumpft: von einem Baum!

Im Gebirgszug der Sierra Nevada in Kalifornien erheben sich entlang der Westhänge auf einer Meereshöhe zwischen 1300 und 2500 m Wälder, in denen es wahre Giganten gibt. Nur hier gedeihen Riesenmammutbäume *(Sequoiadendron giganteum)*. Mit Wuchshöhen von enormen 90 Metern bleiben sie trotzdem hinter den Küstenmammutbäumen (siehe Seite 8/9) deutlich zurück, ebenso entwickeln sie nicht die dicksten Stämme. Auch was das maximale Lebensalter betrifft, kommen die Riesen mit ihren 1800 bis 2700 Jahren nicht im Mindesten an die Langlebigen Kiefern heran. Unter diesen hat man Exemplare gefunden, die weit über 4000 Jahre alt sind. Der Standort des mit 5066 Jahren bis dato ältesten Exemplars in den White Mountains (USA) wird geheim gehalten, um den Baum vor Rekordjägern und Sensationsgierigen zu schützen. In puncto Mächtigkeit jedoch sind die Kolosse der Riesenmammutbäume unübertroffen. Was der „General Sherman Tree", so der Name des mächtigsten Riesenmammutbaums, auf die Waage bringt, lässt sich nur schätzen. Schon ein einzelner Ast ist größer als ein Baum mit gewöhnlichen Ausmaßen. Mit einer Höhe von 83,8 Metern, einem Stammdurchmesser von 11,1 Metern und einem errechneten Stammvolumen von 1486,9 Kubikmetern mag „General Sherman" gut und gerne weit über 600 Tonnen wiegen – wohlgemerkt: nur der Stamm! Daraus ließen sich rund 1400 Holzhäuser errichten. 600 Tonnen – so viel wiegen auch die Kamellen und weiteren Süßigkeiten, die bei den deutschen Karnevalsumzügen jedes Jahr unters närrische Volk geworfen werden. Insgesamt, so wird kalkuliert, ließe sich „General Sherman" mit mehr als 600 Afrikanischen Elefantenbullen mit je 5 Tonnen Lebendgewicht oder mit 15 Blauwalen aufwiegen.

Viele der Riesenmammutbäume sind nach großen Vertretern der amerikanischen Geschichte benannt. General William Tecumseh Sherman (1820–1891) war einer der bekanntesten Generale des Sezessionskrieges. Sein vormaliger Oberbefehlshaber und späterer Präsident der USA, Ulysses Simpson Grant (1822–1885), ist Namenspate für den zweitmächtigsten Riesenmammutbaum.

Schwerer Brummer: Seychellenpalme

4

Pflanzensamen sind so konstruiert, dass sie problemlos neue Orte erobern, um zur Verbreitung ihrer Art beizutragen: Sie sind zum Beispiel sehr leicht und reisen mit dem Wind oder sind von einer schmackhaften Hülle umgeben und werden von Tieren verbreitet, oder sie können schwimmen und erreichen übers Wasser neue Ufer. Die Frucht der Seychellenpalme *(Lodoicea maldivica)* widerspricht diesen Prinzipien in allen Punkten: In ihr steckt der schwerste Pflanzensamen der Welt.

Mit ihrer ungewöhnlichen Form regt die Coco de Mer seit jeher die Fantasie an. Die einen fühlen sich an ein weibliches Becken erinnert, die anderen denken an einen wohlgeformten Po, aber alle sind sich einig, dass die Frucht der Seychellenpalme irgendwie etwas sehr Erotisches hat. Der eigenen Fortpflanzung nutzt das aber offenbar wenig. Mittlerweile gehört die Pflanze zu den seltensten Bäumen der Welt. Von den 115 Seychelleninseln bewohnt sie nur noch zwei: Praslin und Curieuse, und auch dort gibt es insgesamt nicht viel mehr als 8000 Exemplare.

Sicher hat das damit zu tun, dass die Seychellenpalme auf alle gängigen Verbreitungstricks der Pflanzenwelt verzichtet: Im Gegensatz zum Samen der Kokospalme (siehe Seite 56/57), der Tausende von Kilometern auf hoher See zurücklegen kann, geht die Nuss der Seychellenpalme unter wie ein Stein. Ihr Gewicht von mehr als 20 Kilogramm schließt eine Reise mit dem Wind ohnehin aus, macht es aber auch den größten unter den samenverbreitenden Tieren völlig unmöglich, etwas zur Ausbreitung dieser Art beizutragen.

Warum sich die Seychellenpalme den Luxus leistet, nicht nur den erotischsten, sondern auch den schwersten Samen der Welt hervorzubringen, ist den Wissenschaftlern ein Rätsel. Auch wie die Bestäubung dieser seltenen Pflanze funktioniert, können sie bis heute nicht erklären. Fest steht nur, dass der Pollen von den Pflanzen mit den männlichen Blüten irgendwie auf die Pflanzen mit den weiblichen Blüten gelangen muss.

Auch die Keimung der Seychellennuss funktioniert alles andere als problemlos. Den Experten im botanischen Garten von Berlin gelang es erst im dritten Anlauf, einem Exemplar des größten Samens der Welt das Keimen zu ermöglichen: mit Hilfe einer Heizung, die die Bodentemperatur konstant auf 28 Grad Celsius hält. Mittlerweile ist die junge Seychellenpalme von Berlin drei Jahre alt und knapp 2 Meter hoch. Mindestens noch 20, vielleicht aber auch 40 Jahre wird es dauern, bis man weiß, ob es sich um eine weibliche Pflanze handelt.

Im höchsten Norden: Steinbrech

5

Die Kaffeklubben-Insel gilt als die nördlichste Insel der Erde. Sie liegt auf 83° 39' 42'' nördlicher Breite und 30° 36' 36'' westlicher Länge vor Grönland. Ihren Namen bekam sie vom dänischen Forscher Lauge Koch (1892 bis 1964), der die Insel 1921 erstmals betrat und sie nach dem Kaffeeklub im Museum für Mineralogie in Kopenhagen benannte. Auf diesem kleinen Eiland wachsen, so erstaunlich das klingt, immer noch Pflanzen.

Hier, im Reich der Mitternachtssonne, muss man als Pflanze schon ein Profi in Sachen Überleben sein. Der Arktische Mohn *(Papaver radicatum)* trägt schwefelgelbe Blüten, die wie Sonnenkollektoren funktionieren. Sie drehen sich stetig der Sonne zu, fangen alles an Strahlung ein und fokussieren sie ins Blütenzentrum auf den Fruchtknoten. Der wird so gewärmt, die Samen können in kürzester Zeit reifen. Zusammen mit dem Gegenblättrigen Steinbrech *(Saxifraga oppositifolia)* wird er als die am nördlichsten gedeihende Pflanzenart angesehen.

Der Gegenblättrige Steinbrech hat eine andere Taktik, um im kurzen Sommer der Arktis, aber auch in den höchsten Regionen der Alpen durchzuhalten. Er duckt sich mit seinen kleinen Blattrosetten dicht an den Erdboden und entgeht so den eisigen Winden. Frost erträgt er bis – 40 Grad Celsius schadlos. Überproportional große und intensiv rosafarbene Blüten locken die wenigen Bestäuber in diesen unwirtlichen Gebieten dennoch herbei. Der kleine Steinbrech darf gleich noch eine weitere Spitzenleistung für sich verzeichnen: Keine andere Pflanze in Europa ist jemals in solch schwindelerregender Höhe gefunden worden. Auf 4505 Meter, nur knapp unterhalb des Gipfels vom Dom in den Walliser Bergen (Schweiz), bleiben ihm spärliche acht Wochen pro Jahr als Vegetationszeit.

Und als ob das nicht schon Leistung genug ist, der Gegenblättrige Steinbrech hält noch einen Weltrekord: Er wächst am kältesten Standort der Welt. Der Gegenblättrige Steinbrech friert Nacht für Nacht ein, in der schneefreien Zeit liegt die Durchschnittstemperatur bei nur 3 Grad Celsius. Obwohl es im Himalaja noch blühendes Leben oberhalb von 6000 Metern gibt, haben es die Pflanzen dort viel wärmer.

Zur Blütezeit ist der Gegenblättrige Steinbrech eine wahre Freude. Unzählige Blüten verdecken die kleinen Blattrosetten, an deren Spitzen beständig kalkhaltiges Wasser ausgeschieden wird. Daher ist das Polster oft von einer weißen Kalkschicht überzogen, wodurch die Verdunstung verringert wird. Der Überzug schützt zudem vor starker Sonneneinstrahlung und macht die Blättchen widerstandsfähiger gegen scharfen Wind.

Ein Leben lang chillen: Perlwurz

6

Die Antarktis: der kälteste, niederschlagsärmste und auch windigste – damit unbestritten – lebensfeindlichste Kontinent unseres Planeten. Die Temperaturen liegen im Jahresmittel unter 0 Grad Celsius, das wärmste Monatsmittel übersteigt nicht die Grenze von 2 Grad Celsius. Dazu ein halbes Jahr Nacht, ein halbes Jahr Tag. Wer will da schon leben, wer kann dort überleben? Selbst Pinguine und Seevögel bleiben nur zeitweise, allenfalls ein paar robuste Flechten überziehen die Steine.

Pflanzliches Leben bleibt auf die wenigen eisfreien Gebiete beschränkt. Pilze und Flechten, dazu ein paar Moose ducken sich tief, um den eisigen Stürmen zu entgehen. Für einen 1 Zentimeter Zuwachs braucht manche Flechte 100 Jahre. Ein Fußabdruck, den ein Wissenschaftler oder ein Tourist auf einem Moospolster hinterlässt, bleibt jahrzehntelang sichtbar. Nicht einmal das kosmopolitische Einjährige Rispengras *(Poa annua)* fühlt sich hier wohl, wo es doch sonst als das anspruchsloseste und am weitesten verbreitete Süßgras gilt (siehe Seite 52–53). Es wird zwar vom Menschen in die Antarktis eingeschleppt, verschwindet aber aufgrund der widrigen Lebensumstände bald wieder.

Zwei Blütenpflanzen gelingt es trotzdem, sich dauerhaft in der Eiswüste Antarktis zu behaupten. Die Antarktische Schmiele *(Deschampsia antarctica)* und die Antarktische Perlwurz *(Colobanthus quitensis)* müssen sich ungeheuer beeilen, um die wenigen milden Tage zum Wachsen, Blühen und Fruchten zu nutzen. Die überwiegende Zeit des Jahres aber ruhen sie.

Die am südlichsten wachsenden Blütenpflanzen der Welt: in der Mitte das grüne Polster der Antarktischen Perlwurz, verwandt mit den bekannten Nelken, und rundherum kleine Büschel der Antarktischen Schmiele. Eine ihrer Verwandten, die Rasenschmiele, wächst in Mitteleuropa im gepflegten Gartenrasen. Hauptsächlich pflanzen sich die beiden Pflanzen vegetativ fort, bilden aber dennoch ab und zu Blüten. Aus Mangel an Bestäubern öffnen sich die Blüten jedoch nicht, eine Samenbildung erfolgt nach Selbstbestäubung.

Klone bevölkern die Welt: Neptungras

7

Fortpflanzung geht auch ohne Sex. Was bei Dolly, dem berühmten Klon-Schaf weltweit Diskussionen hervorrief, ist bei Pflanzen kaum der Rede wert, weil an der Tagesordnung. Im Gegensatz zur Variante mit Sex hat Klonen allerdings zur Folge, dass alle Nachkommen der Mutterpflanze vollkommen gleichen. Dass dies in der Evolution nicht immer ein Nachteil sein muss, beweist eine Seegraswiese im Mittelmeer, die sich im Laufe von mindestens 80 000 Jahren ohne geschlechtliche Vermehrung, sondern rein vegetativ auf einer Länge von mittlerweile 3500 Kilometern ausgebreitet hat.

Vor der Baleareninsel Formentera untersuchten Forscher Neptungras *(Posidonia oceanica)*, das sich über eine Länge von 15 Kilometer ausgebreitet hatte. Sie stellten fest, dass die Pflanzen im gesamten Gebiet genetisch identisch sind. Alle gehen also auf ein und dieselbe Ursprungspflanze zurück. Da Neptungras extrem langsam wächst – pro Jahr nur 1 Zentimeter – und sich sehr langsam fortpflanzt, gehen die Forscher davon aus, dass die Urmutter aller dieser Pflanzen mindestens vor 80 000, möglicherweise aber auch bereits vor 200 000 Jahren damit begonnen hat, Klone zu produzieren. Tatsächlich gibt es im gesamten Mittelmeer, von Spanien bis Zypern, Neptungrasbestände mit demselben DNA-Muster. Damit ist es die größte Wiese der Welt, wenn auch unter Wasser. Zudem stellen diese Vorkommen die weltweit größte Ansammlung von Klonen dar.

Seegraswiesen spielen eine wichtige Rolle im Ökosystem Mittelmeer. Sie sorgen für das einzigartig klare, blau schimmernde Wasser, bilden einen bedeutenden Lebensraum für Fische und andere Meeresbewohner, schützen die Strände vor Erosion, halten das Meer sauber und stellen eine wichtige Kohlenstoffsenke dar. 1 Hektar Seegraswiese kann deutlich mehr Kohlendioxid in Sauerstoff umwandeln als die gleiche Fläche tropischer Regenwald. Über die Vermehrung von Seegras ist bisher relativ wenig bekannt.

Neptungras kommt auf der Welt einzig im Mittelmeer vor. Vom Aussehen ähnelt es einem Gras an Land, seine schmalen Blätter werden rund einen Meter lang. Absterbende Blätter zerfasern und werden durch Strömungen und Wellengang miteinander zu Kugeln verfilzt. Diese Seebälle oder palle di mare, *Meereskartoffeln oder* egagropoli *finden sich vor allem in Frühjahr und Herbst an den Stränden. Sie liefern hervorragenden Dämmstoff.*

Schnell, schneller, am höchsten: Bambus

8

Gräser sind in vielfacher Hinsicht eine faszinierende Pflanzengruppe. Sie haben sich weltweit die meisten Lebensräume erobert: Von der arktischen Tundra bis zur tropischen Savanne, von der Meeresküste bis ins Hochgebirge – Gräser kommen auch dort noch vor, wo andere Pflanzen längst aufgeben mussten. Sie bilden die Grundlage der menschlichen Ernährung, direkt als Getreide und indirekt als Futter. Innerhalb der rekordverdächtigen Pflanzenfamilie macht eine besondere Gruppe von Gräsern als Champions im Schnellwachsen auf sich aufmerksam: Bambusse.

Weltmeister im Sprint unter den Pflanzen legen keine Wegstrecken zurück, sondern wachsen in atemberaubendem Tempo dem Himmel entgegen. Anders als bei berühmten Hochleistungssportlern wie Carl Lewis oder Usain Bolt lässt sich die Geschwindigkeit von Bambus nicht so leicht feststellen, es werden daher auch sehr unterschiedliche Werte verlautbart. Aber ein Zuwachs von 30 Zentimetern pro Tag ist keine Seltenheit, das lässt sich in vielen botanischen Gärten anhand von schlichten Messlatten neben den dicken Halmen leicht nachvollziehen. Diese phänomenale Leistung erreichen Bambusse, weil sie komplett fertig angelegte Sprosse wie eine Teleskopantenne aus dem Wurzelstock schieben, die dann allmählich ihre Seitentriebe entfalten. 10 Meter in nur 30 Tagen: für dieselbe Höhe braucht der Saguaro-Kaktus *(Carnegiea gigantea)* in der nordamerikanischen Sonora-Wüste 100 Jahre (siehe Seite 98/99).

Phyllostachys reticulata, auch als Giant Timber Bamboo (Großer Holz-Bambus) bekannt, scheint der Weltmeistertitel im Schnellwachsen zu gebühren. Innerhalb von nur 24 Stunden legte ein Halm dieser Bambusart weit über 1 Meter an Länge zu, teilweise wird sogar von über 1,5 Meter Zuwachs berichtet. Das entspricht einer ungeheuren Geschwindigkeit von 0,00003 km/h. Im Vergleich zu den rasanten Asiaten wirkt eine der am schnellsten wachsenden Pflanzen Europas wie eine lahme Ente: Schossender Roggen wächst in 24 Stunden höchstens 2 bis 3 Zentimeter.

Der Riesen-Bambus (Dendrocalamus giganteus) *ist zwar nicht der Schnellste, wenn es ums Wachsen geht, aber mit bis zu 70 Zentimeter Längenzunahme pro Tag immer noch gut im Rennen. Ungeschlagen bleibt der Riesen-Bambus, wenn es um die endgültige Wuchshöhe geht: Mit bis zu 40 Metern bei einem Halmdurchmesser von 20 bis 35 Zentimetern hält er den Titel „größter Bambus der Welt".*

Keine blüht wie diese: Glyzine

9

Der Chinesische Blauregen oder die Glyzine *(Wisteria sinensis)* ist eine beliebte Kletterpflanze, an deren erstaunlicher Vitalität schon mancher Gartenbesitzer verzweifelt ist. In kürzester Zeit erobern ihre Triebe alles, was sich zum Hochschlingen eignet. Dafür wartet der Blauregen im Frühling mit einer Flut duftender, lilafarbener Blüten auf. Wer es unter Kontrolle halten will, muss das Klettergehölz mehrmals im Jahr kräftig schneiden. Passiert das nicht, nimmt es schnell rekordverdächtige Dimensionen an. Ein Blauregen in der kalifornischen Kleinstadt Sierra Madre nahe Los Angeles hat tatsächlich den Titel „größte blühende Pflanze der Welt" errungen.

Es begann ganz harmlos: Im Jahr 1894 kaufte sich die Kalifornierin Alice Brugman zum Preis von 75 Cent einen kleinen Blauregen, um ihr Haus zu verschönern. Die Pflanze gedieh prächtig, ohne dass es dazu besonderer Pflege bedurft hätte. In kürzester Zeit hatte sie den First des Hauses erklommen, brachte jeden Frühling wunderbare Blüten hervor und wuchs jedes Jahr weiter. Wie alle Leguminosen ist auch der Blauregen in der Lage, mit Hilfe von Knöllchenbakterien seinen eigenen Dünger zu produzieren. So kommt er selbst in nährstoffarmen Böden gut zurecht.

In den 1920er-Jahren hatte die Pflanze das Haus bereits so dicht überwuchert, dass die Besitzer beschlossen, sich nebenan ein neues Haus zu bauen. Zehn Jahre später brach das alte Haus unter der Last des mittlerweile riesigen Blauregens zusammen.

Heute gilt der Blauregen von Sierra Madre als botanisches Kuriosum, viele halten ihn für eines der sieben Weltwunder der Gartenwelt. Jedes Jahr kommen mehr als 5000 Besucher, um die Pflanze zu bestaunen, die mittlerweile zwei komplette Gärten überspannt, rund 250 Tonnen wiegt und eine Fläche von 0,4 Hektar bedeckt. Ihre längsten Zweige sind mehr als 150 Meter lang. Manche nennen sie „die lavendelfarbene Lady" andere einfach nur „das Monster". Mit ihrem Alter von mittlerweile 120 Jahren bringt sie jedes Jahr rund eineinhalb Millionen Blüten hervor.

Immer links herum schrauben sich die dicken Triebe des Blauregens empor, würgen dabei nicht selten Regenfallrohre ab, reißen Kletterseile aus ihrer Verankerung oder verbiegen Geländer. Die schmetterlingshaften Blüten in langen Trauben entschädigen jedoch für solches Ungestüm, zumal sie auch noch verschwenderisch duften. Aus vielen Blüten entwickeln sich Hülsen mit samtweicher Oberfläche. Bei Vollreife platzen sie mit einem lauten Knall auf und schießen die braunen Samenkerne davon.

Liliputaner unter den Bäumen: Krautweide

10

Bonsai bedeutet übersetzt so viel wie „Landschaft in der Schale". So nennt man die fernöstliche Kunst, Bäume nach Vorbildern der Natur im Miniaturformat zu ziehen. Ein Bonsai ist eine winzige Ausgabe eines sonst stattlichen Gehölzes, im Wuchs begrenzt durch extrem geringen Wurzelraum und ständiges Beschneiden. Und so passt ein Apfelbaum, als Bonsai gezogen, plötzlich in eine hohle Hand. Geht es noch zwergenhafter? Ja, sogar ohne Kunstgriffe.

So wie der Bonsai-Apfelbaum alles hat, was einen echten Baum auszeichnet – Stamm, Krone, Laub, Blüten, Früchte – so zeigt das auch ein Baum in den Alpen. Nur eben in einem viel kleineren Maßstab. Die Krautweide *(Salix herbacea)* gilt als der kleinste Baum der Welt. Wuchshöhe: maximal 10 Zentimeter, meistens weniger. Von diesem Däumling unter den Bäumen ragen nur die Blätter aus dem Untergrund heraus, das verholzte Stämmchen bleibt meistens in Erd- oder Felsspalten verborgen.

Als Mini-Baum wächst die Krautweide auch nur minimal. Ihre Triebe legen pro Jahr höchstens 0,5 Millimeter an Durchmesser zu. Ihre großen Verwandten, Weiden im Tiefland, wachsen zwanzigmal so schnell;ihr Dickenzuwachs pro Jahr kann 10 Millimeter betragen. Wer wie die Krautweide im Hochgebirge nur wenige Wochen zum Wachsen nutzen kann, kann in puncto Dickenwachstum eben keine Meisterschaft gewinnen. Wohl aber hält sie einen anderen Rekord, nämlich kleinster Baum der Welt zu sein.

Noch eine Meisterleistung zeichnet die Krautweide aus: Sie kommt fast ausschließlich oberhalb der Waldgrenze vor, wo wegen der extremen Witterungsbedingungen kein anderer Baum mehr überleben kann. Monatelang fristet sie ihr Dasein von dicken Schneebergen bedeckt. Nur rund zwei Monate bleiben ihr zum Wachsen, Blühen und Fruchten.

Die Kleinsten im Reich der Kleinen: Wasserlinsen

11

Ein Tümpel, bedeckt von einer grünen Schicht Entengrütze oder Entenflott. Auf der Wasseroberfläche dümpeln Abermillionen winziger Pflanzen, die innerhalb von nur wenigen Wochen aus einigen wenigen entstanden sind. Wasserlinsen *(Lemna)*, so der eigentliche Name, gehören zu den kleinsten Blütenpflanzen der Welt. Mehrere von ihnen finden auf einem Daumennagel Platz. Allerdings sind diese Schwimmpflänzchen im Vergleich zu den Zwergwasserlinsen *(Wolffia)* fast schon wieder Riesen.

Die Wurzellose Zwergwasserlinse *(Wolffia arrhiza)* erreicht nicht einmal die Größe eines Stecknadelkopfs. Lange galt sie als die kleinste Blütenpflanze der Welt. Erst 1980 entdeckte man eine Art, die diese Winzigkeit noch toppt: *Wolffia angusta*. Sie ist so klitzeklein, dass sie problemlos durch ein Nadelöhr passt. Mit Maßen von 0,5 Millimeter hätte das wurzel- und blattlose Pflanzengebilde selbst in einem hier gedruckten Buchstaben „o" Platz.

Zwergwasserlinsen bestehen nur noch aus einem Häuflein Zellen, betreiben aber dank Chlorophyll Photosynthese und leben damit autark. Blüten bilden sie höchst selten aus, einzig einen mikroskopischen Griffel und einen Staubfaden; trotzdem hat man schon Früchte gefunden. Ein Samenkorn ist so winzig wie ein Kristall aus dem Salzstreuer, wiegt auch gleich viel, nämlich 0,00007 Gramm.

Vegetativ durch Teilung können sich Wasserlinsen überaus rasch vermehren, so schnell wie keine andere Pflanze auf der Welt. Vielleicht werden diese erstaunlichen Winzlinge zu wirtschaftlich bedeutsamen Gewächsen? Sie sind essbar und enthalten sehr viele Mineralien und hochwertiges Eiweiß in derselben Menge wie Sojabohnen. Und eignen sich zur Gewinnung von Bioethanol, dem voraussichtlich wichtigsten Treibstoff der Zukunft.

Mikrofein: Sommerwurz

12

Wer im Frühling Gemüse und Blumen aus Samen selbst anzieht, weiß großes Saatgut wie von Kürbis, Bohne oder Sonnenblume zu schätzen. Die Samen sind leicht greifbar und lassen sich einfach aussäen. Je kleiner und feiner die Samen, desto schwieriger gestaltet sich der Umgang mit ihnen. Bei Majoran, Basilikum und Löwenmäulchen sind die Samen winzig, beim Säen sollte man heftiges Atmen tunlichst vermeiden und schon gar nicht niesen. Kleiner und feiner geht's nicht? Oh doch!

Einen guten Vergleich über die Größe von Samen liefert das Tausendkorngewicht (TKG). Es gibt an, wie viel exakt 1000 Samen wiegen. 1000 Kürbissamen bringen 60 bis 250 Gramm auf die Waage, 1000 Sonnenblumenkerne wiegen 60 bis 100 Gramm. Bei Kokosnüssen liegt das TKG bei rund 900 Kilogramm, bei der Seychellenpalme (siehe Seite 14/15) bei 20 Tonnen – aber sie bildet schließlich die schwersten Samen der Welt. Am anderen Ende der Skala stehen Löwenmäulchen mit einem TKG von 0,13 Gramm oder Tausendgüldenkraut mit 0,007 Gramm.

Kleine und leichte Samen haben den Vorteil, dass sie mit dem Wind weithin verbreitet werden können. Der sparsame Materialeinsatz erlaubt der Mutterpflanze, riesige Mengen an Nachkommen zu erzeugen. Das erhöht die Chancen, den Platz zu behaupten und viele neue Standorte zu erobern. Die Kehrseite der Medaille besteht im Risiko für jeden Embryo im Samenkörnchen, überhaupt in ein neues Leben zu starten. Denn anders als die großen Samen, in denen reichliche Nahrungsvorräte den Weg in die Selbstständigkeit überbrücken, haben es die Winzlinge schwer. Wer nicht umgehend mit seinen Wurzeln Nährstoffe aufnehmen kann, dem ist nur ein kurzes Sämlingsleben beschert.

Orchideen sind bei der Vermehrung auf Ammenpilze angewiesen. Ihre Samen keimen nur erfolgreich, wenn ein bestimmter Pilz in der Nähe ist, mit dem sie eine gewinnbringende Lebensgemeinschaft eingehen. Der Pilz nährt den Sämling mit Wasser und Mineralsalzen, später wird er von der Orchidee mit Zucker belohnt. Orchideen können sich deshalb erlauben, superfeine Samen auszubilden: TKG 0,001 Gramm. Ein einzelner Same wiegt demnach ein Mikrogramm, ein Millionstel Gramm – das ist Weltrekord. Ähnlich verhält es sich gewichtsmäßig bei den parasitisch lebenden Sommerwurzen *(Orobanche)*. Nur steht diesen kein Ammenpilz zur Seite, sondern die Samen müssen schleunigst eine Wirtspflanze finden, an die sie andocken und mit Saugfortsätzen deren Nährstoffstrom anzapfen können.

Wegen ihrer Kleinheit lassen sich die Samen von Sommerwurzen kaum aus dem Saatgut von Nutzpflanzen aussortieren. Sommerwurzen spielen jedoch als Schädlinge in landwirtschaftlichen Kulturen wie Kartoffeln, Tomaten, Hülsenfrüchten oder Sonnenblumen in warmen Gebieten der Erde eine gewichtige Rolle, indem sie die Erträge stark schmälern.

Uralte Stöcke: Weinreben

13

Weinreben *(Vitis vinifera* ssp. *vinifera)* gehören zu den traditionsreichsten Nutzpflanzen der Menschheit. Seit über 7000 Jahren werden sie kultiviert. Das Wissen um die optimale Kultur der Rebstöcke wurde über viele Generationen immer weiterentwickelt. Damit Weinstöcke optimalen Ertrag abwerfen, dürfen sie nicht zu dicht beieinander wachsen, um ausreichend Wasser und Nährstoffe zu finden. Als Faustregel gilt, dass auf 1 Quadratmeter Weinberg eine Rebe kommt. Da der Ertrag trotzdem mit den Jahren nachlässt, werden die meisten Reben nach 20 bis 25 Jahren gerodet und durch frische, junge Reben ersetzt. Wenn man sie lässt, können Weinreben aber Hunderte von Jahren alt werden, und eine Fläche von mehreren 100 Quadratmetern bedecken.

Südtiroler Wein wird in die ganze Welt exportiert. In Tisens, malerisch zwischen Meran und Bozen gelegen, wächst bei Schloss Katzenzungen eine Weinrebe, die anders gepflegt wird als üblich. Der Weinstock darf seit Hunderten von Jahren immer weiterwachsen. Mittlerweile bedeckt sein Laubdach eine Fläche von 350 Quadratmetern. Damit ist es die größte Weinrebe der Welt. Jeden Herbst bringt sie eine Ernte von rund 700 Kilogramm weiße Trauben der Sorte `Versoaln´ ein. Wissenschaftliche Untersuchungen datieren ihr Alter auf 350 Jahre. Ein wahrer Methusalem, verglichen mit den kommerziellen Weinreben, die nach wenigen Jahrzehnten ausgetauscht werden.

Den Titel „Älteste Weinrebe der Welt" kann die Südtiroler Rebe allerdings nicht für sich beanspruchen. Der gebührt der Stara trta (slowenisch „alter Weinstock") im slowenischen Maribor. Dieser Weinstock der Sorte `Žametovka´ ist mindestens 400 Jahre alt. Auch er trägt bis heute jedes Jahr Früchte. Eine echte alte Rebe!

Der Versoaln-Weinstock in Südtirol wächst auf einer traditionellen Pergola aus Kastanienholz und wurzelt in sehr kargem Boden. Aus den kleinen Trauben mit durchscheinenden Beeren keltert man einen grün getönten, fein strukturierten Wein mit leicht betonter Säure. Im Rahmen von Sonderführungen im Herbst kann der besondere Wein an Ort und Stelle verkostet werden.

Biblisches Alter: Ölbaum

14

Der Öl- oder Olivenbaum *(Olea europaea)* wird bereits in der Bibel erwähnt. Seine Geschichte als Kulturpflanze reicht jedoch noch viel weiter zurück: Im Mittelmeerraum werden Oliven schon seit dem 4. Jahrtausend vor Christus als Nutzpflanzen angebaut. Aber nicht nur der Olivenanbau hat eine lange Geschichte, sondern auch viele Olivenbäume selbst. Von allen Nutzpflanzen können sie das höchste Alter erreichen.

Wer einen Olivenbaum pflanzt, braucht Geduld, denn die ersten Früchte trägt er meist erst nach sieben oder zwölf Jahren. Ab dem 20. bis 30. Lebensjahr setzt der volle Ertrag ein, durchschnittlich liefert ein Baum 20 bis 50 Kilogramm Oliven. Von ausgewachsenen Bäumen kann man bis zu 300 Kilogramm Früchte ernten. Zum Vergleich: Bei einem hochstämmigen, kräftigen Apfelbaum darf mit rund 100 Kilogramm Äpfeln gerechnet werden. Allerdings erschöpft sich die Ertragsphase beim Apfelbaum nach einigen Jahrzehnten. Olivenbäume dagegen behalten ihre Fruchtbarkeit länger als alle anderen Nutzpflanzen, sodass die Ernte auf viele Generationen gesichert ist. Sie können ein Alter von 1000 Jahren und mehr erreichen.

Der wahrscheinlich älteste Olivenbaum der Welt steht auf Kreta, südlich von Kolimbari, in dem Örtchen Ano Vouves. Sein Alter wird mit mindestens 3000 Jahren angegeben. Andere Schätzungen sprechen sogar von 5000 Jahren. Sein knorriger, alter Stamm hat einen Umfang von mehr als 13 Metern; er ist voller Hohlräume und seltsamer Windungen, aber die Krone ist nach wie vor üppig belaubt und vital. Trotz seines wahrhaft biblischen Alters trägt dieser Methusalem immer noch Früchte. Es handelt sich um die Sorte `Tsounati´, eine der ältesten Olivensorten der Insel, die mancherorts bis heute angebaut wird. Insgesamt gibt es allein im Mittelmeerraum über 1000 verschiedene Olivensorten. Als größter Olivenproduzent der Welt gilt Spanien.

Der Sage nach ist der Olivenbaum einem Wettstreit unter Göttern entsprungen. Wer der damals mächtigsten Stadt das wertvollste Geschenk überreichte, sollte das Patronat übernehmen. Athene, Göttin der Weisheit, pflanzte einen Olivenbaum und gewann das Rennen. Die Stadt, auf deren Boden nach dieser Geschichte der erste Olivenbaum wuchs, erhielt den Namen Athen.

Affenartig große Bestäuber: Quellenbaum

15

Beim Stichwort Bestäubung denken die meisten Menschen zuerst an Bienen. Doch neben der berühmten Beziehung zwischen Blümchen und Bienchen gibt es in Wahrheit eine breite Skala von Insekten, Vögeln und sogar Säugetieren, die zur Bestäubung von Pflanzen beitragen. Den größten Bestäuber hat der Quellenbaum *(Ravenala madagascariensis):* In seinem ursprünglichen Lebensraum sind es Affen, die seine Pollen verbreiten.

Wenn Linden *(Tilia)* blühen, dann ist die Luft nicht nur von einem köstlichen Duft, sondern auch vom Summen der Bienen und Hummeln erfüllt, die an den Blüten Nektar und Pollen sammeln und sie dabei bestäuben. Beim Wiesen-Bärenklau *(Heracleum sphondylium)* lockt Stallgeruch Fliegen und Käfer an. Das abends schwülstiges Parfüm verbreitende Jelängerjelieber *(Lonicera periclymenum)* bleibt von Nachtfaltern nicht unbemerkt. In subtropischen und tropischen Gebieten sind es häufig Vögel, etwa Kolibris, die den Pollen von Blüte zu Blüte tragen. Nachtblühende Pflanzen werden dort oft von Fledermäusen bestäubt, aber auch größere Säugetiere betätigen sich als „Pollentaxi". Der Quellenbaum, eine beliebte tropische Zierpflanze, wird in seinem ursprünglichen Lebensraum sogar von Affen bestäubt. Das palmenartige Gewächs wird rund 10 Meter hoch, seine Blätter mit sehr langen Blattstielen reihen sich zu einem riesigen Fächer auf. Ursprünglich gedeiht der Quellenbaum auf Madagaskar, der Heimat der Lemuren. Wenn diese Affen vom Nektar der Quellenbaumblüten trinken, bleibt der Blütenstaub in ihrem Fell hängen, den sie so zur nächsten Pflanze transportieren.

Der Quellenbaum wird auch als „Baum der Reisenden" bezeichnet. Als Erklärung für diese Namensgebung wird oft angeführt, dass sich in den Blattachseln der Pflanze Wasser sammelt, mit dem Reisende ihren Durst löschen. Allerdings muss ein Reisender schon sehr verzweifelt sein, um von dieser meist fauligen und stinkenden Flüssigkeit zu trinken. Viel nützlicher als das Trinkwasser dürfte Reisenden die eingebaute Kompassfunktion der Quellenbäume sein: Ihre großen Blätter richten sich nämlich immer in Ost-West-Richtung aus.

Aufgrund akkurat ineinander geschachtelter Blattstiele zeigt der Quellenbaum eine unverwechselbare Silhouette wie kein anderer Baum auf der Welt. Seine Blüten sorgen mit einer raffinierten Technik für eine höchst erfolgreiche Weitergabe ihres Pollens. Werden sie berührt, explodieren sie und hüllen den nektarsuchenden Bestäuber in eine Wolke aus Blütenstaub.

16

Baum der Versuchung: Apfel

Mehr als 2000 Apfelsorten hat die Bundesanstalt für Landwirtschaft und Ernährung in Deutschland nachgewiesen. In den Handel kommt aber nur ein winziger Bruchteil davon. Viele alte Sorten sind akut vom Aussterben bedroht. Zum Glück gibt es immer mehr Apfelfreunde, die sich darum bemühen, auch Apfelsorten zu erhalten, die nicht supermarkttauglich sind. Oft werden gleich mehrere verschiedene Sorten auf ein und demselben Baum veredelt.

Mehr als 100 verschiedene Apfelsorten gedeihen inzwischen auf einem Baum, den Gärtner Jochen Bock im Gelände des Nordkolleg Rendsburg hegt und pflegt. Der Reigen reicht vom `Altländer Pfannkuchenapfel´ bis `Zuccalmaglios Renette´, von fast vergessenen Tafeläpfeln über Mostäpfel bis zu Schlotteräpfeln, deren Kerne im Butzen so locker sitzen, dass sie beim Schütteln der Früchte schlottern, also klappern.

Der 100-Sorten-Baum wird noch getoppt von einem ebenso begeisterten Sammler alter Apfelsorten: Tom Barnett aus der Grafschaft Sussex in England begann vor 25 Jahren, jedes Jahr ein paar neue Sorten auf ein und denselben Baum zu pfropfen. Im Laufe der Jahre hat sich so die unglaubliche Anzahl von 250 verschiedenen Apfelsorten angesammelt, die alle auf einem einzigen Baum wachsen. Von jeder Sorte hängen nur einige wenige Exemplare am Baum, trotzdem tragen viele Äste so schwer an ihrer köstlichen Last, dass Tom sie abstützen muss, damit sie nicht abbrechen. Darunter finden sich zum Beispiel Sorten wie der seltene Kochapfel `Withington Fillbasket´ aus dem Jahr 1883 aber auch `Golden Delicious´, der zuckersüße Exportschlager aus dem US-Staat West Virginia.

Weder Jochen Bock noch Tom Barnett sind mit der aktuellen Sortenfülle an ihren Bäumen zufrieden. Sie wollen in den nächsten Jahren zusätzliche Sorten auf ihren ungewöhnlichen Apfelbäumen veredeln.

Weltweit, so schätzt man, gibt es mehr als 30 000 Apfelsorten. Der Handel bietet regelmäßig nur sieben Sorten an (Boskop, Cox Orange, Golden Delicious, Elstar, Gloster, Jonagold, Granny Smith). In einem Garten in Schleswig-Holstein findet der Besucher eine Apfelvielfalt, die ihresgleichen sucht: Vom sogenannten 100-Sorten-Baum führen Seile zu den Sortenschildern, sodass sich jede einzelne Apfelsorte fein säuberlich identifizieren lässt. Zusätzlich zu diesem Apfelbaum gedeihen in dem Garten weitere 100 Apfelbäume verschiedener Sorten.

Allgegenwärtig, sogar im All: Ackerschmalwand

17

Paradox, aber Tatsache: Rund um uns herum gibt es Pflanzen zuhauf, die keiner beachtet, geschweige denn kennt. Eine solche ist die Ackerschmalwand, Gänserauke oder Schotenkresse *(Arabidopsis thaliana)*, die in Gärten und auf Äckern weitverbreitet vorkommt. Weil sie jedoch eher unscheinbar wirkt und überdies vielen anderen Gewächsen ähnlich sieht, fristet sie ein Mauerblümchendasein. Nicht so allerdings unter Wissenschaftlern: Kein Botaniker kommt an ihr vorbei, unzählige Forscher befassen sich mit der Ackerschmalwand. Sie gilt als die am besten untersuchte und verstandene, gleichzeitig als die am weitesten gereiste Pflanze der Welt.

Wie kann ein so bescheidenes Pflänzchen die ungeteilte Aufmerksamkeit der Wissenschaftler erregen? Der Kreuzblütler, verwandt mit Kohl, Senf und Raps, ist ein Modellorganismus, gleichsam die Labormaus der Pflanzenforscher. Zehntausende Ackerschmalwände lassen sich auf wenigen Quadratmeter Laborfläche halten, sind überaus anspruchslos und bringen pro Exemplar bis zu 10 000 Samen hervor, die leicht keimen. Innerhalb von nur sechs Wochen lassen sich daraus blühende und fruchtende Pflanzen nachziehen. Das gelingt mit keiner anderen Pflanze. So war denn auch die Ackerschmalwand die erste Pflanzenart überhaupt, von der man im Jahr 2000 das Erbgut komplett entziffert hat.

Mithilfe der Modellpflanze Ackerschmalwand lässt sich untersuchen, wie Pflanzen sich an ihre Umwelt anpassen, wie Evolution ganz allgemein verläuft. Mit diesen Erkenntnissen können zum Beispiel nicht nur Nutzpflanzen züchterisch optimiert werden, sondern auch Abläufe im menschlichen Körper besser verstanden werden. Da wundert es kaum noch, dass eine Ackerschmalwand auch die erste Pflanze war, die das Weltall eroberte. 1982 wurden an Bord der sowjetischen Raumstation Saljut sieben Samen von ihr in der Schwerelosigkeit zum Keimen gebracht. Ackerschmalwände grünten danach bei vielen weiteren Weltraumstationen, etwa im Biolab, einem Teil von Europas Raumlabor Columbus auf der Internationalen Raumstation ISS.

Erstmals beschrieben wurde die Ackerschmalwand im 16. Jahrhundert durch den Arzt und Botaniker Johannes Thal (1542–1583) im Harz. Ihm zu Ehren trägt die Pflanze den botanischen Artzusatz thaliana. *Die Entschlüsselung des Genoms von* Arabidopsis *(das mit nur fünf Chromosomen und rund 25 000 Genen im Vergleich zu Weizen mit 96 000 Genen auf sechs sehr klein ausfällt) kostete um die Jahrtausendwende fast 100 Millionen US-Dollar. Heute beträgt der Preis für eine Sequenzierung bloß mehr ein Zehntausendstel davon, also um 10 000 US-Dollar.*

Auf die Größe kommt's nicht an: Einbeere

18

Bloße Größe bedeutet in der Natur nicht alles. Das gilt auch für das Genom, also die Summe aller Erbinformationen. Die vererbbaren Informationen sind in der gewöhnlich spiralig vorliegenden DNA (Desoxyribonukleinsäure) abgespeichert und in bestimmten Abschnitten, den Genen, mit einer charakteristischen Abfolge von Basenpaaren fixiert. Aber es ist doch verblüffend, dass über das größte Genom der Welt keineswegs der Mensch verfügt. Es ist auch kein Tier, das sich diesen Rekord gutschreiben kann, sondern eine Pflanze.

Je komplexer und höher entwickelt ein Lebewesen ist, desto komplizierter und umfangreicher muss auch sein genetischer Code ausfallen – würde man vermuten. Tatsächlich, letztendlich auch zur Überraschung der Wissenschaftler, hat die Größe des Genoms nichts mit der Entwicklungsstufe eines Lebewesens zu tun. Über das größte Genom der Welt verfügt eine eher unscheinbare Pflanze: die Japanische Einbeere *(Paris japonica)*. 150 Milliarden Basenpaare finden sich in jeder ihrer Zellen, das sind fünfzigmal mehr als im menschlichen Genom. Würde man die Doppelhelix der Einbeere auseinanderziehen, würde sie vom Pflaster des Münchner Marienplatzes bis an die Spitze des Nordturms der Frauenkirche reichen.

Welche Bedeutung die Größe eines Genoms hat, ist den Forschern bis heute ein völliges Rätsel. Studien haben allerdings gezeigt, dass Pflanzen mit großem Erbgut sich eher schlecht als recht auf extremer werdende Umweltbedingungen einstellen können. Sie reagieren deutlich empfindlicher auf große Temperaturunterschiede, Luftverschmutzung oder Schadstoffbelastung im Boden als Arten mit kleinerem Genom.

Einbeeren gehören in die weitere Verwandtschaft von Spargel und Lilien. In hiesigen Laubwäldern trifft man häufiger die Vierblättrige Einbeere (Paris quadrifolia) *an, bei der eine seltsam anmutende Blüte mit großem, schwarzem Fruchtknoten auf langem Stiel über einem Quartett eiförmiger Blätter thront. Ihr in Gebirgen der japanischen Inseln selten vorkommendes Pendant mit dem wohlklingenden japanischen Namen* Kinugasasō *zeichnet sich durch die doppelte Anzahl Blätter aus, die in einem Quirl stehen und von einer weißen, sternförmigen Blüte überragt werden. Ob unsere heimische Einbeere in Sachen Genomgröße mit ihrer japanischen „Schwester" mithält, ist (noch) nicht bekannt.*

Immer schön sauber bleiben: Lotus

19

Die Indische Lotusblume *(Nelumbo nucifera)* gilt als Symbol für Reinheit und Erleuchtung. Das lässt sich sogar wörtlich nehmen, denn in Sachen Reinlichkeit macht dieser Pflanze keine andere etwas vor, obwohl sie in schlammigen Tümpeln zuhause ist. Nach ihr ist der Lotus-Effekt benannt, die geringe Benetzbarkeit und Fähigkeit zur Selbstreinigung einer Oberfläche.

Das Phänomen, dass sich auf einem Lotusblatt kein Schmutz, kein Staub ansammelt und Wassertropfen wunderbar abperlen, ist in Asien schon mehr als 2000 Jahre bekannt. Erforscht wurde das aber erst in den 1970er-Jahren, anfangs bei Kapuzinerkresse *(Tropaeolum majus)*, dann beim Lotus durch den Botaniker Wilhelm Barthlott (*1946). Unter dem Rasterelektronenmikroskop wurde das Geheimnis gelüftet: eine speziell genoppte und von besonderem Wachs überzogene Blattoberfläche. Ein Wassertropfen hat darauf nur eine Auflagefläche von 0,6 Prozent. Das ist nicht nur unter Pflanzen Rekord, sondern überhaupt in der Natur. Denn selbstreinigende Oberflächen gibt es bei vielen Lebewesen, etwa bei Frauenmantel *(Alchemilla)* oder Kohl *(Brassica oleracea)*, aber auch bei Libellenflügeln.

Auf den Nanostrukturen sitzen auch Schmutzpartikel wie Fakire auf einem Nagelbrett, sie können mit einem Wassertropfen ganz einfach heruntergespült werden. Nicht einmal Schneckenschleim oder Vogelkot, Honig oder Klebstoff haften auf solchen Blattoberflächen. Die Pflanzen schützen sich so nicht nur vor Verschmutzung, sondern auch vor einer Besiedelung durch Pilze oder Bakterien.

Technisch wird das Vorbild der Natur bereits seit Längerem nachempfunden, zum Beispiel mit selbstreinigenden Oberflächen bei Gläsern oder Stoffen. Die Kameras zur Erfassung der Lkw-Maut auf deutschen Autobahnen etwa sind mit solchen Spezialgläsern ausgerüstet.

Auch die Blüte der Lotusblume kann mit sensationellen Leistungen aufwarten. Innerhalb der Blütezeit von zwei bis vier Tagen hält sie ihr Inneres 30 bis 36 Grad Celsius warm, egal ob die Außentemperatur 10 oder 45 Grad Celsius beträgt. Das soll Bestäubern einen angenehmen Aufenthalt bieten.

Stinkt zum Himmel: Titanenwurz

20

Der Gestank ist kaum auszuhalten! Es riecht überhaupt nicht blumig, wie man es sich bei einer Pflanze allgemein vorstellt, sondern bestialisch nach Fäulnis, Gammelfisch und Aas. Das hat dem ungewöhnlichen Gewächs in seiner Heimat Sumatra den Namen Leichenblume eingebracht. Und doch will jeder diese Pflanze zur Blütezeit sehen, Gestank hin oder her. Dafür nimmt man gerne eine weite Reise nach Ostasien oder stundenlanges Warten vor Botanischen Gärten in Kauf. Das Ereignis ist nämlich selten.

Die Titanenwurz *(Amorphophallus titanum)* ist eine spektakuläre Erscheinung aus der Familie der Aronstabgewächse *(Araceae)*. Nach einer langwierigen Entwicklungszeit treibt aus einer riesenhaften Knolle ein Blütenstand der Superlative. Über viele Jahre hat die Knolle mittels eines baumförmig anmutenden, viele Meter Länge erreichenden Laubblatts Kraft gesammelt und dabei an Gewicht enorm zugelegt. Oftmals wird sie zentnerschwer. Dann schließlich erscheint statt des Blatts ein Blütenstand, eingehüllt in ein Hochblatt. Es wirkt wie plissierter Samt. Wenn sich das blutrote Hochblatt entfaltet, reckt sich der oberschenkeldicke, gelbe Kolben mehrere Meter in die Höhe. Der weltweit bislang höchste Kolben erreichte am 18. Juni 2010 eine Höhe von 3,10 Meter (Winnipesaukee Orchids in Gilford, New Hampshire, USA).

Am Kolben sitzen winzige männliche und weibliche Einzelblüten. Von ihnen geht in rhythmischen Abständen der „Duft" aus. Blutrotes Hochblatt, Verwesungsgeruch – darauf fliegen Fliegen und Käfer. Der Kolben funktioniert wie ein Sendemast, die Duftnachricht kann über mehr als 20 Kilometer ausgestrahlt werden. Die Insekten eilen zur Bestäubung herbei. Ist das monströse Schauspiel vorbei, kippt der Kolben um. War die Bestäubung erfolgreich, entstehen innerhalb von mehreren Monaten bis hin zu einem Jahr orangerote Beerenfrüchte. Nach all der Anstrengung geht die Titanenwurz zugrunde. Hat es mit der Liebe nicht geklappt, zieht sich die Titanenwurz in ihre Knolle zurück und sammelt erneut Kräfte – für einen weiteren geruchsintensiven, größenwahnsinnigen Versuch.

Um nur ja nicht den Augenblick zu verpassen, in dem sich der Blütenstand vollends entfaltet, überwachen Webcams das Wachstum der Titanenwurz. Der exakte Zeitpunkt des Erblühens lässt sich, ähnlich wie der Geburtstermin bei einer Schwangerschaft, nicht auf den Tag vorhersagen. Die Blütezeit selbst geht rasend schnell vonstatten, sie währt nur drei oder vier Tage.

Glück am Stiel: Klee

21

Neben Schornsteinfegern, Schweinen, Fliegenpilzen und Marienkäfern gelten Kleeblätter als besondere Glücksbringer. Dafür müssen sie allerdings vierblättrig sein, die üblichen dreifiedrigen Blätter vom Klee taugen nur anderweitig. Wer ein vierblättriges Kleeblatt findet, dem ist das Glück hold, so heißt es. Als echter Glücksbringer muss es aber spontan ins Auge fallen, die gezielte Suche führt nur zum Triumph, überhaupt ein solches Blatt ausfindig gemacht zu haben.

Die Chance, ein vierblättriges Kleeblatt zu entdecken, liegt bei 1:10 000. Fündig wird man vor allem beim Weißklee *(Trifolium repens)*, aber auch bei anderen Kleearten wie Rotklee *(Trifolium pratense)* oder Hopfenklee *(Medicago lupulina)*. Grundsätzlich vierblättrig zeigen sich die Blättchen beim zu Silvester gerne verschenkten Glücksklee *(Oxalis tetraphylla)*, der aber gar kein echter Klee ist, sondern zu den Sauerkleegewächsen zählt.

Manchen Menschen scheinen vierblättrige Kleeblätter direkt entgegenzuspringen. Wo immer sie gehen und stehen, strahlt ihnen ein solcher Glücksbote entgegen – und sie beginnen zu sammeln. Ein US-Amerikaner, Edward Martin aus Alaska, nennt eine stattliche Sammlung gepresster Kleeblätter mit vier Fiedern sein eigen. Mit 110 060 Stück stellte er 2007 damit einen Guinness-Weltrekord auf. Bisweilen gibt es nicht bloß vier-, sondern sogar fünf- oder sechsblättrige Exemplare. Letztere werden als Zeichen für Ruhm beziehungsweise Reichtum gewertet. Siebenblättriger Klee verheißt lebenslangen Wohlstand. Sage und schreibe 56 Teilblättchen an einem Stängel soll ein Kleeblatt getragen haben, das ein Japaner im Jahr 2009 gefunden hat – bisheriger Weltrekord.

Laut einer Legende nahm Eva ein vierblättriges Kleeblatt mit, als sie zusammen mit Adam aus dem Paradies vertrieben wurde. Seither gilt es als ein Stückchen vom Paradies. In der christlichen Symbolik steht es für die vier Evangelien oder als Sinnbild für das Kreuz. Als Mittel gegen böse Geister trugen es schon die Kelten bei sich und rührten es unter Zaubertränke. Im Mittelalter nähte man ein Vierblatt vom Klee in die Kleidung, um bei Reisen geschützt zu sein.

Der schlafende Baum: Seidenakazie

22

Wer kennt sie nicht, die sprichwörtlich empfindsame Mimose? Deren wissenschaftlicher Name *Mimosa pudica* bedeutet „schamhafte Sinnpflanze", verliehen wegen ihrer sensibel auf Berührung, Erschütterung oder Verletzung reagierenden Blätter. Dass die filigranen Fiederblättchen zusammenklappen, sich der Blattstiel absenkt und ein Blatt nach dem anderen diese Reaktion zeigt, wird als Fraßschutz interpretiert. Eine Weile später steht die Mimose wieder da, als sei nichts passiert. Die Bewegung erfolgt nicht über Muskeln wie bei Tieren, sondern über osmotische Veränderungen im Zelldruck. Verliert das motorische Gewebe an den Blattgelenken Kaliumionen, strömt Wasser aus und das Gewebe erschlafft, die Fiedern und Blattstiele senken sich.

Dieser Vorgang geschieht nicht nur nach dem Anfassen, sondern jeden Abend. Mimosen „gehen schlafen". Morgens erwachen sie wieder, indem Kalium in die Zellen gepumpt wird, wodurch Wasser nachströmt und die Zellen prall werden lässt – die Blätter erheben sich. Dieses Verhalten lässt sich auch bei anderen Pflanzen beobachten, vornehmlich solchen aus der weiteren Verwandtschaft der Mimose, bei den Schmetterlingsblütlern oder Hülsenfrüchtlern. Darunter ist neben dem heimischen Weißklee *(Trifolium repens)* ein subtropischer Baum, der sogar danach benannt ist: der Schlafbaum *(Albizia julibrissin)*. Schlafbaum oder Seidenakazie: statt Schlafmittel zu liefern oder sich für die Seidenproduktion zu eignen, beziehen sich die Namen auf die bemerkenswerten Eigenschaften des asiatischen Gehölzes. Die anmutig gefiederten Blätter in seiner schirmförmigen Krone verhalten sich mimosenhaft, falten sich abends und bei Trockenheit akkurat zusammen. Seine Blüten erinnern an rosa-weiße Puderquasten und glänzen wie kostbare Seide. Allein der Anblick stimmt fröhlich, in China verehrt man die Seidenakazie als Baum der Glückseligkeit, Blätter und Rinde werden medizinisch gegen Stress, Depressionen und Ängste verwendet.

Die Seidenakazie machte 1940 in den Kriegswirren mit einer verblüffenden, Hoffnung verheißenden Geschichte von sich reden. Nachdem das Natural History Museum in London von Bomben getroffen wurde und der Brand gelöscht war, begannen Samen der Seidenakazie zu keimen, die man 1793 im Herbarium des Museums hinterlegt hatte.

Die schmuckvolle Seidenakazie ist wie alle Schmetterlingsblütler ein Stickstoffsammler, mit Hilfe von speziellen Bakterien kann sie in ihren Wurzeln Luftstickstoff zum Wachsen nutzen. Deshalb eignet sich das Gehölz zur Bodenverbesserung in der Permakultur. Weil sich die Seidenakazie dadurch aber auch sehr leicht ausbreitet, gilt sie inzwischen in den USA als invasive, die heimische Flora verdrängende Art.

Die weitverbreitetste Pflanze der Welt: Rispengras

23

Wenn einer eine Reise tut, dann kann er sich inzwischen überall auf der Welt mit der englischen Sprache verständigen, trifft auf die gleichen Speisen und Getränke, Autos und Sportschuhe. Sogar das Münchner Oktoberfest gibt es rund um den Erdball. Wer genau hinschaut und sich mit Pflanzen ein wenig auskennt, wird auf allen Kontinenten auch die gleichen Tiere und Pflanzen entdecken. In den Städten sind dies Taube und Einjähriges Rispengras *(Poa annua)*.

Durch Globalisierung sorgt der Mensch dafür, dass nicht nur Sprache, Waren und Kultur allerorten sehr ähnlich werden, sondern auch Tiere und Pflanzen sich kreuz und quer verbreiten: Ratten und Kakerlaken unter den Tieren, Weizen *(Triticum)*, Sojabohne *(Glycine max)* und Mais *(Zea mays)* unter den Pflanzen. Neophyten wie Japanischer Knöterich *(Fallopia japonica)* oder der bei uns heimische, in Amerika wegen seiner starken Ausbreitung aber gefürchtete Blutweiderich *(Lythrum salicaria)* haben mit Hilfe des Menschen alle Erdteile erobert. Aber es gibt auch Pflanzen, die sich ganz allein über den Globus verstreut haben.

Wasserpflanzen wie Kanadische Wasserpest *(Elodea canadensis)*, Ähriges Tausendblatt *(Myriophyllum spicatum)* oder Krauses Laichkraut *(Potamogeton crispus)* gehören zu den Kosmopoliten unter den Pflanzen; allerdings sind sie in ihrem Vorkommen strikt an Gewässer gebunden. Auch Schilf *(Phragmites australis)* trifft man weltweit in großer Zahl an. Es kommt vom Polarkreis bis zum südlichen Wendekreis außer in den Tropen und auf Island an allen Ufern von Seen, Tümpeln, Gräben und Bächen sowie Mooren und Sümpfen vor. Der Adlerfarn *(Pteridium aquilinum)*, dank effektiv wirksamer Giftstoffe vor Fraß bestens geschützt, besiedelt verschiedenste Standorte außer Wüsten und Polarregionen. Seit Urzeiten, noch bevor es Wasserpest oder Schilf überhaupt gab, wuchs Adlerfarn bereits allerorten – und tut es bis heute.

Von den Tropen bis in die Polarzonen, vom Tiefland bis ins Hochgebirge, auf nährstoffreichen wie auf kargen Böden, in freier Natur wie in Innenstädten, von Äckern bis in Pflasterritzen, in vielen Gebieten flächendeckend, stößt man auf ein Gras. Unspektakulär, unscheinbar, aber unglaublich anpassungsfähig und vermehrungsfreudig. Das Einjährige Rispengras gilt als das am häufigsten vorkommende und am weitesten verbreitete Süßgras. Einige halten es sogar für die häufigste und verbreitetste Pflanzenart überhaupt.

Das Einjährige Rispengras trifft man überall. In Grünflächen, besonders in Zier- und Golfrasen, ist es ungern gesehen, weil es ständig blüht und den Rasen damit ungepflegt erscheinen lässt. Aber genau das ist sein Erfolgsgeheimnis: blühen, blühen, blühen, Samen ansetzen und sofort neue Wuchsorte besiedeln.

Kalorienbombe mit Patentschutz: Avocado

24

Ihren Namen Butterbirne tragen die birnenförmigen Früchte des Avocadobaums *(Persea americana)* nicht von ungefähr. Das Fruchtfleisch enthält 15 bis 25 Prozent Fett und lässt sich wie Butter aufs Brot streichen. Eine einzige Frucht, durchschnittliches Gewicht samt dem golfballgroßen Kern im Innern rund 400 bis 500 Gramm, liefert weit über 600 Kilokalorien. Das ist ungleich mehr als eine Tafel Milchschokolade oder ein Burger. Trotzdem gelten Avocados als gesund, denn in ihnen stecken wertvolle ungesättigte Fettsäuren, Vitamine und Mineralstoffe.

Dennoch reicht die Avocado einer anderen Frucht nicht das Wasser hinsichtlich des Kaloriengehalts. Datteln *(Phoenix)*, die ungemein zuckerreichen Palmenfrüchte aus der Wüste, liegen mit 280 Kilokalorien pro 100 Gramm Fruchtfleisch gegenüber der Avocado mit 160 bis 220 Kilokalorien erheblich höher. Beide Obstsorten gehören in hiesigen Breiten nicht zu den Top Ten, wenn auch Avocados immer beliebter werden. Gourmets wissen Avocados ebenso zu schätzen wie Weltenbummler; Vegetarier und Veganer holen sich die Frucht immer häufiger in die Küche.

Als Highlight hinsichtlich Wohlgeschmack gilt die Sorte 'Hass'. Ihren Namen hat diese Avocado nach Rudolph „Rudie" Gustav Hass (1892–1952). Der Vertreter und Hobby-Gärtner zog 1925 in einem Kaff namens La Habra Heights in Süd-Kalifornien drei Avocadosämlinge, denen er Edelreiser der üblichen 'Fuerte'-Avocado aufpfropfen wollte. Einer stieß die Edelreiser immer wieder ab. Rudie hatte schon genug und wollte den Sämlingsbaum umhacken. Nur weil ein Freund ihn auf die besondere Wuchsfreude des Baums hinwies, ließ er ihn stehen. Was für ein Glück, denn wenige Jahre später trug genau dieser Baum Avocados von besonderer Güte. Statt der sonst üblichen grünen Fruchthülle war die genarbte Haut der reifen Früchte schwarzpurpurn und das Fruchtfleisch von exzellentem Aroma mit nussiger Note.

Rudie konnte seine neuen Avocados ungeheuer teuer verkaufen. Rasch avancierten die Früchte zum Luxuslebensmittel für begüterte Familien. 1935 gelang es Rudie Hass, seinen Avocadobaum zu patentieren. Dies war das erste US-Patent, das für einen Baum erteilt wurde. Zu jener Zeit eher eine Lachnummer, aus heutiger Sicht dagegen höchst kritisch gesehen. Biopatente sind in vielen Staaten der Welt nicht erlaubt. Mehr als eine halbe Million Inder liefen Ende der 1990er-Jahre Sturm gegen ein Patent, das das Europäische Patentamt einer amerikanischen Firma auf den Neembaum *(Azadirachta indica)* erteilt hatte. Dieser Baum gilt Indern als heilig und wird wegen seiner vielfältigen Heilwirkungen als „Dorfapotheke" verehrt. Das Patent wurde am 10. Mai 2000 auf Druck der Öffentlichkeit hin wieder entzogen.

Butter, auch für Bäckchen und Busen: Weil Avocados extrem viele mehrfach ungesättigte Fettsäuren enthalten, reich sind an den Hautschutzvitaminen A und E, mit Biotin die Hautregeneration fördern, ist das buttrige Fruchtfleisch ideal zur Pflege von trockener und sensibler Haut.

Stürmische Eroberung: Kokospalme

25

Um ihre Nachkommen in die Welt hinauszuschicken und die Verbreitung der Art zu sichern, bestehen Pflanzen Abenteuer, bei denen jedem Menschen angst und bange würde.

Die Früchte der Kokospalme *(Cocos nucifera)* brechen sogar per Taifun oder Zyklon zu neuen Ufern auf. Die Kokospalme gehört zu den erfolgreichsten Eroberern der Pflanzenwelt. Kokosnüsse sind hochseetaugliche Langstreckenschwimmer, die schadlos zwei Monate auf hoher See überleben. Eine wasserdichte Außenhülle umgibt das dicke, faserige, luftgefüllte Schwimmgewebe. Der Embryo selbst schaukelt im Kokoswasser, gut geschützt von einem harten Steinkern.

Egal, ob Sturm oder Flaute, die Kokosnuss schwimmt immer obenauf und legt so Hunderte, manchmal Tausende von Seemeilen zurück. Gerät sie auf ihrer langen Seereise in einen Wirbelsturm, stehen die Chancen umso besser, dass sie auf einen Langstreckenrekord im Hochseeschwimmen aufstellt.

Wird die Kokosnuss schließlich mit einer Welle an den Strand geworfen, keimt sie und bildet Wurzeln, die sie fest im Boden verankern. Auf diese Art und Weise hat die Kokospalme die gesamte tropische Welt erobert. Keine tropische Insel der Welt ist so abgelegen, dass die Kokospalme sie nicht erreicht hätte. Sogar in Skandinavien hat man schon Kokosnüsse gesichtet, die von den Wellen an Land gespült wurden.

Permanenter Seewind oder starke Stürme machen der Kokospalme kaum etwas aus. Ihre unverzweigten Stämme biegen sich elastisch, ihr Schopf aus gefiederten Wedeln flattert im Wind. Kokosnüsse, die zu Boden fallen, keimen an Ort und Stelle – sofern nicht eine starke Brandung sie aufs Meer hinauszieht. Mit Wind und Wellen beginnen die Früchte dann eine oft lange Seereise.

Weltmeister im Samenweitwurf: Spritzgurke

26

Da Pflanzen, fest verwurzelt in der Erde, sich nicht vom Platz bewegen können, sorgen sie anderweitig dafür, dass sie möglichst weit herumkommen: Sie schicken ihre Kinder auf Reisen.

Die Vielfalt der Transportmittel, die Pflanzen nutzen, ist erstaunlich: Duftveilchen *(Viola odorata)* versehen ihre Samen mit eiweißhaltigen „Ameisenpralinen". Ameisen können diesen Leckerbissen nicht widerstehen und verschleppen sie samt Veilchensamen über Hunderte von Metern. Samen vom Löwenzahn *(Taraxacum officinale)* reisen an Fallschirmen mit dem Wind. Kirschen *(Prunus)* verpacken ihre Samen in schmackhafte Früchte, die von Vögeln gefressen und nicht nur weit weg, sondern auch noch mit einer Portion Dünger versehen, wieder ausgeschieden werden. Kokospalmen *(Cocos nucifera)* schicken ihre Früchte auf lange Seereisen (siehe Seite 56/57).

Einige Arten aber haben Methoden entwickelt, mit denen sie selbsttätig dafür sorgen, dass ihre Samen möglichst weit von der Mutterpflanze entfernt keimen. Ihre Nachkommen sitzen auf „Schleudersitzen" und werden mit aller Kraft hinauskatapultiert. Bei Sauerklee *(Oxalis)*, Rührmichnichtan *(Impatiens noli-tangere)* und Indischem Springkraut *(Impatiens glandulifera)* explodieren die Fruchtkapseln zur Reife; dabei werden die kleinen Samenkörner meterweit fortgeschleudert.

Weltmeister im Samenweitwurf ist aber die Spritzgurke *(Ecballium elaterium)*, eine Verwandte von Kürbis und Zucchini, die im Mittelmeerraum zu Hause ist. Sind die Samen reif, wird die eiförmige Frucht vom Stiel mittels Rückstoß abgeschossen wie eine Rakete von der Startrampe. Als Flugbenzin dient der Spritzgurke ihr saftiger Inhalt; der spritzt unter hohem Druck heraus und sorgt dafür, dass dabei die Samen weithin verbreitet werden – mit sagenhaften 12 Metern Reichweite.

Bei der Spritzgurkenfrucht liegen die Samen in schleimiges Gewebe gebettet. Während der Reife baut sich im Innern ein enormer Druck auf, die Fruchtaußenhaut spannt sich prall. Plötzlich, ohne Vorwarnung, reißt zur Vollreife die Frucht vom Stiel, die Hülle zieht sich schlagartig zusammen, dabei spritzt der Inhalt in die Umgebung – ohne Rücksicht auf neugierige Beobachter wie arglose Passanten. Das Fruchtfleisch sollte man besser nicht genießen, es gilt als drastisches Abführmittel.

Kleiner Kraftprotz: Löwenzahn

27

Mitunter ist es ganz schön hart, um als kleiner Pflanzenkeimling ans Licht zu gelangen. Beton und Asphalt machen es schier unmöglich. Während sich oben die Autos stauen, starten die grünen Untergrundkämpfer mit Vollgas durch.

Die kleinen Früchte vom Löwenzahn *(Taraxacum officinale)* können dank technisch ausgeklügeltem Fallschirm nicht nur perfekt fliegen und weite Strecken zurücklegen. Sie gelten auch als wahre Kraftprotze. Unter einer dicken Straßendecke begraben, wollen die Löwenzahnsamen nur eines: ans Licht und leben. Sie brauchen dafür nichts weiter als etwas Wasser. Das kostbare Nass lässt die Samen keimen.

Ein Autoreifen hat einen Druck von 3 bis 4 bar, immerhin können Autoreifen mit der Zeit den Asphalt verdrücken – spürbar in Form von Spurrillen. Aber es braucht schon einen Presslufthammer, um die widerstandsfähige Versiegelung wirklich aufzubrechen. Da hämmert der Meißel mit 10 bis 13 bar hinein. Einen vergleichbaren Druck von bis zu 15 bar hat man bei wachsenden Löwenzähnen gemessen. Der sich streckende Sämling arbeitet wie ein Presslufthammer von unten, nur geräuschfrei und umweltschonend. Immer wieder schaffen es Löwenzähne so, die Straßendecke aufzubrechen. Sofern sie dann nicht vom rollenden Verkehr zermalmt, vom Streusalz vergiftet oder sonst wie vernichtet werden, entfalten sie eine Blattrosette und treiben bald auch leuchtend gelbe Blütenköpfe.

Schwachstellen wie Risse oder Verwerfungen im Asphalt machen es dem Löwenzahnkeimling viel leichter, sich durch die Straßendecke zu beißen: Trotzdem eine höchst bemerkenswerte Leistung, die so ein Winzling vollbringt.

Schnell und radikal: Roggen

28

Farbenfrohe Blüten, mächtige Stämme, filigranes Blattwerk – normalerweise kommt den oberirdischen Teilen der Pflanzen die meiste Aufmerksamkeit zu. Dabei weiß jeder Hobbygärtner, der schon einmal eine Quecke *(Elymus repens)* oder Giersch *(Aegopodium podagraria)* komplett aus einem Beet entfernen wollte, welch beeindruckendes Wurzelwerk auch verhältnismäßig kleine Pflanzen entwickeln können. Wenn es darum geht, in kürzester Zeit ein möglichst großes Wurzelgeflecht zu entwickeln, ist ein Getreide unschlagbar: der Roggen *(Secale cereale)*.

Wurzeln sind wie unterirdische Tentakel, mit denen eine Pflanze sich im Untergrund verankert und den Boden nach Wasser und Nährstoffen durchsucht. Je mehr Raum eine Pflanze mit ihren Wurzeln erobern kann, desto besser kann sie ihre oberirdischen Teile versorgen, desto üppiger wachsen, blühen und fruchten. Unter Pflanzen tobt nicht allein über der Erde ein rigoroser Wettbewerb um Licht, sondern auch unterirdisch ein gnadenloser Konkurrenzkampf um Wurzelraum.

Winterroggen hat sich hier mit besonders schnellem Wurzelwachstum einen Vorteil gegenüber allen Mitbewerbern verschafft. Legte man alle seine Wurzeln zu einem Strang aneinander, so könnte an einem einzigen Tag 4,99 Kilometer Zuwachs gemessen werden. Im Alter von vier Monaten verfügt die Roggenpflanze schon über eine Gesamtwurzellänge von 622 Kilometern. Das ist in etwa die Entfernung zwischen München und Hamburg (Luftlinie). Dabei sind die feinen Wurzelhaare noch gar nicht mitgerechnet. Diese haben zusätzlich noch eine Länge von 10 620 Kilometern. Das Rechenexempel lässt sich noch weiter umsetzen: In den vier Monaten sind die Wurzeln des Roggens im Durchschnitt um 1,5 Meter pro Sekunde gewachsen.

Pro Quadratmeter Getreideacker drängen sich rund 50 Halme, deren Wurzeln miteinander um den begrenzten Bodenraum konkurrieren. Wer mag, rechne jetzt die Gesamtlänge aller Wurzeln aus, mit denen die Roggenpflanzen die Erde auf der Suche nach Wasser und Nährstoffen erobern.

Unerreichte Ingenieurskunst: Getreidehalm

29

Himmelhoch aufragende Gebäude nötigen Respekt ab. Ein Fernsehturm, eine Windkraftanlage, ein Wolkenkratzer: alles technische Meisterwerke. Zumal sie bei Wind oder gar Sturm ungeheuren Kräften standhalten müssen. Der Berliner Fernsehturm, mit 368 Metern das höchste frei stehende Bauwerk Deutschlands, schwankt selbst bei einem Orkan nur wenig, die Spitze pendelt höchstens 60 Zentimeter hin und her. Beim höchsten Gebäude der Welt, dem 830 Meter hohen Burj Khalifa in Dubai, lenkt starker Wind die obersten Etagen immerhin um 1,5 Meter aus. Dafür müssen aufwendige Stabilisierungssyteme eingebaut werden. Und dennoch werden sie alle weit übertroffen: von Gräsern.

Völlig zu Recht spricht man von wogenden Gräsermeeren, wenn der Wind über hoch stehende Wiesen streicht. Halm an Halm, gekrönt von Rispen oder Ähren, schwingen die Gräser mühelos und ohne Schaden zu nehmen. Auch nach schwerem Sturm richten sich Gräser wieder auf. Dabei tragen die dünnen Halme oft schwere Lasten, etwa beim Getreide. Weizen *(Triticum aestivum)* bildet pro Halm rund 40 Körner, seine Ähre wiegt durchschnittlich etwas über 2 Gramm – alles an einem nur 3 Millimeter dünnen Stängel von 60 Zentimeter Höhe. Ein Fernsehturm, der ebenso leistungsstark gebaut wäre wie ein Grashalm, dürfte nur 1,5 Meter Durchmesser haben – tatsächlich sind es beim Berliner Fernsehturm unten 16 Meter, der Schaft verjüngt sich bis auf 9 Meter Durchmesser.

Gras- und Strohhalme sind, technisch betrachtet, hohle Zylinder. Rohrstrukturen sind sehr viel leichter, sparen enormen Aufwand, sind aber ebenso stand- und tragkräftig wie Konstruktionen aus Vollmaterial. Die Halme bestehen zudem aus besonderen Verbundstoffen, nämlich aus zugfesten Fasern, die in einer druckfesten Matrix eingelagert sind. Kein Stahlbeton, kein karbon- oder glasfaserverstärkter Kunststoff hält hinsichtlich Biegsamkeit, Elastizität, Standfestigkeit und Tragkraft mit dem Bauwerk Grashalm mit – die Natur ist als Ingenieur unübertroffen.

© Karin Greiner

Gräser streben mit langen, dünnen Halmen in die Höhe, damit der Wind ihre Blüten gut erreicht. Sie setzen zur Bestäubung nicht auf Insekten, sondern übergeben enorme Mengen Blütenstaub an einen leichten Windhauch oder eine steife Brise, damit dieser auf die Narben anderer Grasblüten verfrachtet wird. Beim Getreide, das auf immer höhere Erträge gezüchtet wird und dementsprechend stetig schwerere Ähren zu stemmen hat, kann dies Probleme bereiten. Deshalb besteht ein weiteres Zuchtziel in Sorten mit kurzen und dickeren Halmen.

Atmen mit dem Knie: Mangrovenbäume

30

Luft zum Leben braucht jedes Lebewesen. Menschen und Tiere holen Luft über Nase, Nüstern, Rüssel. Pflanzen, die an Land wachsen, atmen über winzige Poren, die sich gewöhnlich an den Blattunterseiten befinden, über Spaltöffnungen oder Stomata. Diese Atemporen können Pflanzen nach Bedarf aktiv öffnen und schließen. Sie regulieren damit den Gasaustausch ganz allgemein, nehmen also auch Kohlendioxid auf und verdunsten Wasser darüber. Damit Gewebe wie Stamm, Äste oder Wurzeln ebenfalls genügend Luft zum Leben erhalten und nicht unter Luftabschluss zu faulen oder zu schimmeln beginnen, gibt es bei Pflanzen weitere Eintrittspforten für Luft. Es sind Korkporen oder Lentizellen, erkennbar etwa an strichförmigen Mustern auf Birkenrinde, warzigen Strukturen auf Holunderästen oder rostartigen Punkten auf Äpfeln. Auch Wurzeln verfügen über Lentizellen, über die Bodenluft ins Innere gelangen kann.

Was aber, wenn eine Pflanze ständig im Wasser steht? Dort gibt es keine Luft zum Atmen. Dauerhaft untergetaucht lebende Wasserpflanzen wie Tausendblatt *(Myriophyllum)* oder Wasserfeder *(Hottonia palustris)* haben die Schwierigkeit überwunden, indem sie gelösten Sauerstoff und Kohlendioxid direkt dem Wasser entnehmen. Entlang vieler tropischer Meeresküsten aber gedeiht eine außergewöhnliche Lebensgemeinschaft von Pflanzen, die sich mit widrigen Lebensumständen zurechtfinden müssen. Die Gewächse der Mangrovenwälder haben es nicht nur mit salzigem Meer- und Brackwasser, Ebbe und Flut zu tun, sondern stehen mit ihren Füßen auch ständig im Nassen. In den Schlickböden der Gezeitenzone sind alle noch so kleinen Bereiche zwischen den festen Bestandteilen mit Wasser gefüllt, für Luft bleibt kein Platz.

Damit die Wurzeln trotzdem Luft bekommen, haben manche Mangrovengewächse spezielle Atemeinrichtungen entwickelt: Atemknie oder Kniewurzeln. Ihre nahezu waagrecht wachsenden Wurzeln bilden lange, Richtung Oberfläche aufgewölbte Schlaufen. Wie mit einem Knie durchbrechen die Wurzeln den Schlick und liegen wenigstens zur Ebbe auf dem Trockenen. Über solche Schnorchel können Mangrovenbäume wie die Schwarze Mangrove *(Avicennia germinans)* die lebensnotwendige Luft schöpfen und über schwammartige Gewebe bis tief ins Wurzelsystem leiten.

Viele Mangrovenbäume, vor allem aus der Familie der Rhizophoraceae, *bilden neben Atemknien auch Stelzwurzeln, bogenförmige Wurzeln, die dem Stamm entspringen und für stabilen Stand im unsicheren Untergrund sowie bei Strömungen sorgen. Im dichten Gewirr der Wurzeln, aber auch in den Kronen tummelt sich reiche Fauna und Flora – Mangroven gehören neben Korallenriffen zu den produktivsten Ökosystemen der Erde. Außerdem schützen Mangroven die Küsten vor Erosion und die Küstenbewohner vor Sturmfluten und Tsunamis.*

Lebende Bauwerke: Linden

31

Bauwerke aus lebenden Bäumen, in Verbund mit technischen Elementen – das hat eine neue architektonische Disziplin zum Inhalt: die Baubotanik. Es wird gepflanzt statt gebaut, Wurzelverankerungen ersetzen das Fundament, lebendige Naturmaterialien übernehmen Funktionen wie künstliche Baustoffe. So entstehen nicht nur Ufersteg, Weidendom oder Vogelbeobachtungsstation, sondern sogar ein dreigeschossiger Platanenkubus, gezeigt 2012 bei der Landesgartenschau Baden-Württemberg in Nagold.

Ein Traum vieler Menschen ist von Kindesbeinen an, einmal in einer Baumkrone zu wohnen. Solche Wünsche werden sogar erfüllt: vom schlichten, selbst gebauten Baumhaus bis zum luxuriösen Baumhaushotel. Überdacht und beschützt von Wänden aus lebenden Pflanzen fühlt man sich wohl, deshalb bauen sich nicht wenige Menschen ein Haus ganz aus dem Holz von Bäumen oder zumindest ein Tipi aus verflochtenen Weidenzweigen. Mitunter werden Bäume selbst zu Bauwerken.

Schon seit Jahrhunderten pflegt man die Kunst, Linden *(Tilia)* zu Bauwerken zu ziehen. Durch kunstvollen Schnitt und geschicktes Leiten der Äste formt man über die Jahre Dächer und Etagen. So entstehen architektonische Wunderwerke aus den Bäumen, mit vielen Stufen und Räumen. In die Kronen werden teilweise Böden eingezogen, auf denen man traditionell zu Musik tanzt. Kirchweih- und Tanzlinden sowie Stufenlinden sind bis heute vor allem in Franken und Thüringen zu bewundern. In Form und Größe einzigartig ist die rund 250 Jahre alte Stufenlinde von Grettstadt im Landkreis Schweinfurt.

Pflanzen in Bauwerke zu wandeln, beherrscht der Mensch auch anderswo. In Cherrapunji in Nordost-Indien entstehen aus Gummibäumen *(Ficus elastica)* ganze Brücken. Der Stamm der Khasi nutzt dazu die Wurzeln, die mittels hohler Stämme von Betelpalme *(Areca catechu)* oder Bambus in die entsprechende Richtung über den Fluss geleitet werden. Die Gummibaumwurzeln wachsen in die Länge und werden dicker, sprengen schließlich die umhüllenden Röhren und werden so zu Streben und Seilen der Brücke. Mit den Jahren wachsen so äußerst belastbare Brücken heran, die selbst reißendem Hochwasser widerstehen.

In dieser Linde in Peesten in Oberfranken ist ein ganzer Tanzboden in die ausladende Krone eingezogen, zu dem eine gemauerte Treppe hinaufführt. Auf dem Tanzboden fühlt man sich wie in einem geschlossenen Raum, inmitten von Lindenblätterwänden, überdacht von der Baumkrone und getragen vom Lindenstamm und seinen großen Ästen.

Gigantomanie: Riesenseerose

32

Seerosen *(Nymphaea)* bilden nicht nur strahlend schöne Blüten. Bemerkenswert sind auch ihre tellerartigen, mehr als handflächengroßen Blätter. Sie schwimmen auf dem Wasser wie an Seilen, über lange Blattstiele an den dicken Wurzelstöcken im schlammigen Teichgrund verankert. Insekten, Frösche und selbst Wasservögel nutzen die Schwimmblätter wie Luftmatratzen. Für einen Menschen reicht die Tragkraft der Seerosenblätter allerdings nicht aus. Um übers Wasser zu gehen, braucht es schon Riesenseerosen.

Im Amazonasgebiet treiben Schwimmblätter tropischer Seerosen von überdimensionalen Ausmaßen: Ein Durchmesser über 2 bis manchmal bis 3 Metern und eine Fläche von 4 bis 5 Quadratmetern pro Blatt ist nicht selten. Kräftige Rippen und große Luftkammern verleihen den Blättern enormen Auftrieb. Statt Luftmatratze passt der Vergleich mit einem Floß viel besser: Ein Blatt kann Lasten bis zu 70 Kilogramm und mehr tragen.

Riesenseerosen wurden vom britischen Botaniker John Lindley (1799–1865) beschrieben, sehr zum Verdruss ihrer französischen und deutschen Entdecker. Lindley gab ihnen den Namen *Victoria*, zu Ehren der englischen Königin Victoria (1819–1901), die kurz vorher den Thron bestiegen hatte. „I am amused“, soll Queen Victoria verlautet haben, als sie davon erfuhr.Joseph Paxton (1803–1865) war nicht nur ein begnadeter Gärtner, der erstmals die Riesenseerose in England erfolgreich kultivierte. Damit verhalf er seinem Brotherren, dem Duke of Devonshire, im Wettstreit um spektakuläre Züchtungen exotischer Pflanzen zu Sieg und Ansehen unter den pflanzenverrückten Peers. Paxton hatte auch besonderes Talent als Architekt. Inspiriert vom botanischen Bauprinzip der Riesenseerosenblätter entwarf er Gebäude. Vorgefertigte Tragelemente und Zwischenstege aus Stahl wie die vernetzten Blattrippen, dazwischen Glasscheiben – mittels dieser damals revolutionären Bauweise entstand ein lichtdurchflutetes, klimatisierbares Gewächshaus, in dem er die Amazonas-Riesenseerose *(Victoria amazonica)* erstmals zur Blüte brachte. Paxtons berühmtestes Bauwerk mit derselben Konstruktion wurde der Crystal Palace zur Weltausstellung 1851 im Londoner Hyde Park, viermal so groß wie der Petersdom in Rom.

Auffällig bei den Blättern der Riesenseerosen ist der hochgewölbte Rand. Damit wird verhindert, dass sich die Blätter übereinanderschieben und sich gegenseitig das Licht streitig machen. Einschnitte im Rand dienen als Wasserablauf, damit nach heftigen Regengüssen – wie in den Tropen üblich – oder bei Wellen die Blätter nicht volllaufen und untergehen. Zahllose kleine, senkrecht verlaufende Kanäle in der Blattfläche sorgen dafür, dass Wasser von der Oberfläche nach unten ablaufen kann.

Saugfähiger als ein Küchentuch: Torfmoos

33a

Für Rasenbesitzer sind Moose oft verhasste Unkräuter, im Ökosystem spielen sie aber eine unschätzbare Rolle. Moose können ein Vielfaches ihres eigenen Gewichtes an Wasser aufnehmen.

Wenn über einem Wald ein Regenschauer niedergeht, sind es von allen Pflanzen die Moose, die dabei in kürzester Zeit das meiste Wasser aufnehmen. Sie saugen die Feuchtigkeit buchstäblich wie ein Schwamm auf und geben sie anschließend nach und nach wieder an ihre Umgebung ab. Damit spielen sie eine wichtige Rolle als Wasserspeicher im Ökosystem Wald, aber auch im Hochwasserschutz für uns Menschen. Ohne Moose könnten selbst relativ harmlose Regenfälle sehr schnell zu Überschwemmungen führen.

Noch mehr Wasser als Wälder speichern die Moore. Auch hier sind es Moose, vorwiegend Torfmoose *(Sphagnum)*, die den größten Teil des Wassers festhalten. Mithilfe von großen Wasserzellen in den Blättern und Wassersäcken in den Stämmchen können Torfmoose im Verhältnis zum eigenen Gewicht mehr Wasser speichern als jede andere Pflanze der Welt: mehr als das Zwanzigfache. 1 Kilogramm Torfmoos genügt also, um 20 Liter Wasser aufzufangen. Das entspricht dem Niederschlag, der bei einem Sommergewitter auf 1 Quadratmeter Boden niedergeht. Aufgrund ihrer bemerkenswerten Saugfähigkeit hat man Torfmoose früher als Wundverbände, Einlagen, Tampons und Windeln verwendet. Heute denkt man ernsthaft wieder darüber nach, Torfmoose in dieser Hinsicht für Öko-Produkte einzusetzen.

Torfmoose halten noch einen Superlativ: Ohne Wurzeln und ohne wasserleitende Gefäße, sogar abgestorben können sie Wasser nicht nur perfekt speichern, sondern auch kapillar in die Höhe transportieren. Der Wasserspiegel liegt in Hochmooren deshalb mehrere Meter über dem Grundwasserstand.

Auferstanden aus dem Gletscher: Moose

Um zu überleben, brauchen alle Pflanzen Wasser, Licht und Wärme. Echte Survival-Profis kommen aber über erstaunlich lange Zeiträume mit einer minimalen Versorgung durch diese lebenswichtigen Elemente aus.

Moose sind echte Überlebenskünstler. Sie haben sich vor 400 bis 450 Millionen Jahren wohl aus Grünalgen in den Gezeitenzonen der Meere entwickelt und sich sehr erfolgreich auf dem Erdball von den Polargebieten bis in die tropischen Regenwaldzonen verbreitet. Rund 16 000 Arten sind heute bekannt.

In der Tundra wachsen Moose noch bei Temperaturen um den Gefrierpunkt. Selbst in Wüsten kommen Moose vor, dort ziehen sie sich teilweise unter Sand oder Geröll zurück oder nehmen mit Salzwassertümpeln vorlieb. Wochenlange Trockenheit lässt Moose komplett austrocknen. Sie wirken dann wie abgestorben. Werden die Bedingungen aber wieder günstiger, wachsen sie einfach weiter. Selbst herbarisierte Moose lassen sich durch Befeuchten oft wieder „erwecken".

Auch extreme Kälte kann Moosen nicht viel anhaben. Kanadische Wissenschaftler haben Moose entdeckt, die vier Jahrhunderte begraben unter einer dicken Eisschicht überleben konnten. So wurden mehrere Moosarten, darunter Streifensternmoos *(Aulacomnium turgidum)*, Berg-Zweizeilmoos *(Distichium capillaceum)* und Dach-Drehzahnmoos *(Syntrichia ruralis)*, die durch das Abschmelzen eines Gletschers auf Ellesmere Island in der Arktis ans Licht gekommen waren, wieder grün.

Moose kommen auf Standorten zurecht, auf denen keine andere Pflanze überleben könnte. Manchmal genügt ihnen purer Beton. Sie setzen sich auf seiner rauen Oberfläche fest und ernähren sich von den wenigen Nährstoffen, die im Regenwasser gelöst sind.

Kälter als eiskalt: Hartriegel

34

Wenn die Temperatur unter 0 Grad Celsius sinkt, gefriert das Wasser in den Pflanzen, und Eiskristalle zerstören die Zellstrukturen. Für tropische Pflanzen bedeutet das den sicheren Tod. Alle anderen haben Lösungen für dieses Problem gefunden.

Einjährige Pflanzen umgehen die Kälte, indem nur ihre wasserarmen Samen überdauern. Bei Stauden sterben im Winter die oberirdischen Teile ab, die Wurzeln bleiben unter der Erde vor Frost geschützt. Bäume und Sträucher werfen ihre frostempfindlichen Blätter ab, nur die weit weniger frostempfindlichen, verholzten Teile müssen den Winter überstehen.

Um sich gegen niedrige Temperaturen zu wappnen, lagern die Pflanzen Frostschutzmittel in ihre Zellen und Wasserleitungen ein: Zuckeralkohole, Aminosäuren und andere Stoffe wirken ähnlich wie Glykol im Autokühler. Sie setzen den Gefrierpunkt herab und verhindern, dass Wasser zu Eis wird.

So können Nadelbäume wie die Zirbe *(Pinus cembra)* in den Alpen bei –40 Grad, Schwarz-Fichten *(Picea mariana)* in Alaska bei –60 Grad Celsius überleben.

Diese Taktik nutzt auch der Weiße Hartriegel *(Cornus alba)*, ein Verwandter der heimischen Arten Roter Hartriegel *(Cornus sanguinea)* und Kornelkirsche *(Cornus mas)*. Er lebt in der arktischen Tundra, wo Temperaturen um –70 Grad Celsius keine Seltenheit sind. Selbst bei diesen Werten friert das Wasser in seinen Zellen dank seines pflanzeneigenen Frostschutzmittels nicht ein.

Wissenschaftler wollten wissen, wie tief die Temperaturen sinken müssen, bis selbst das Frostschutzmittel des Hartriegels überfordert ist. Herausfinden konnten sie das allerdings nicht, denn er überlebte sogar das Einfrieren in flüssigem Helium nahe dem absoluten Nullpunkt. Seither weiß man, dass auch 236 Grad Celsius unter Null für den Weißen Hartriegel kein Problem darstellen.

Sibirische Kälte setzt dem Weißen Hartriegel kaum zu. In hiesigen Gärten gehören die Sorten mit auffallend bunter Rinde zu den widerstandsfähigsten Ziergehölzen.

Unendlich geduldig: Dattelpalme

35

Wie Hobbygärtner wissen, verliert auch das hochwertigste Saatgut nach wenigen Jahren seine Keimfähigkeit. Umso erstaunlicher ist es, wie lange sie im Extremfall erhalten bleiben kann.

Vor allem für Wüstenpflanzen ist es enorm wichtig, dass ihre Samen über Jahre keimfähig bleiben. Denn bis es in den Trockengebieten der Erde wieder regnet, bis genügend Feuchtigkeit zum Keimen vorhanden ist, können viele Jahre, manchmal sogar Jahrzehnte vergehen.

Dass die Keimfähigkeit im Extremfall sogar mehrere Tausend Jahre erhalten bleiben kann, haben Wissenschaftler mit Hilfe eines Dattelkerns bewiesen. Ausgrabungen auf dem israelischen Festungsberg Masada am Südwestende des Toten Meeres hatten Samenkerne einer Echten Dattelpalme *(Phoenix dactylifera)* zu Tage gefördert, die rund 2000 Jahre alt waren. Einen dieser antiken Kerne konnten Wissenschaftler im Jahr 2005 unter Laborbedingungen tatsächlich zum Keimen bringen.

Fortpflanzungsfähig können Samen auch dann noch bleiben, wenn die natürliche Keimfähigkeit nicht mehr vorhanden ist: Im Permafrostboden Nordostsibiriens haben russische Forscher unreife Früchte eines Leimkrauts *(Silene stenophylla)* gefunden, das vor mehr als 30 000 Jahren geblüht hatte. Im Labor gelang es immerhin, aus dem Nährgewebe der Samen fortpflanzungsfähige Exemplare zu ziehen.

Dattelpalmen sind Kulturpflanzen im orientalischen Raum, deren Nutzung sich bis zu den Anfängen menschlicher Kultur zurückverfolgen lässt. In Keturah, einem Kibbuz in der Nähe von Eilat (Israel), wächst im Wüstenboden eine Dattelpalme. Die israelische Botanikerin Elaine Soloway hat sie aus einem Dattelkern gezogen, der unter den Ruinen der Festung Masada gefunden wurde. Als die Dattel zu Boden fiel, herrschte gerade König Herodes I. (73–4 v. Chr.). Gepflanzt im Jahre 2005 gab die Palme erst kürzlich ihr Geschlecht zu erkennen. Es ist eine männliche Pflanze, deshalb wird man auf Früchte verzichten müssen.

Lebende Zisterne: Affenbrotbaum

36

Wo es viele Wochen, sogar Monate nicht regnet, haben sich Pflanzen Strategien zugelegt, um lange Dürreperioden zu überstehen. Viele verfallen in eine Art Trockenheitsruhe, andere können große Mengen Wasser speichern. Der Weltmeister im Wasserspeichern ist der Affenbrotbaum.

Der Affenbrotbaum oder Baobab *(Adansonia digitata)* kann so viel Wasser speichern, dass er auch ausgedehnte Trockenzeiten unbeschadet übersteht. Bis zu 120 000 Liter lagert er im schwammigen Gewebe im Inneren seines voluminösen, im Alter flaschenförmigen Stamms ein. Mit dieser Menge Wasser würde der Durchschnittsdeutsche mehr als zweieinhalb Jahre lang auskommen. In Afrika werden hohle Baobabs auch von Menschen als Wasserspeicher genutzt: Wird der Hohlraum sorgfältig verschlossen, hält sich das Wasser dort mehrere Jahre frisch. Bis zu 10 000 Liter kostbaren Trinkwassers können so für Trockenzeiten eingelagert werden.

Das Holz des Baobabs hat für den Menschen allerdings wenig Nutzen. Es hat weder einen nennenswerten Brennwert noch ist es als Baumaterial geeignet. Weil es aus saugfähigen Fasern besteht, so weich und elastisch ist, lässt es sich mit Werkzeugen kaum bearbeiten, und im Wasser löst es sich innerhalb von zwei Monaten vollkommen auf.

Affenbrotbäume prägen zusammen mit Akazien als charakteristische Gehölze die afrikanischen Savannen südlich der Sahara. Die an langen Stielen von den Ästen hängenden Blüten werden von Flughunden bestäubt. Elefanten und Paviane schätzen die im Vitamin-C-reichen Fruchtfleisch eingebetteten, fetthaltigen Samen als Nahrung.

Wolkenmelker: Kanarische Kiefer

37

Um zu überleben, benötigen alle Pflanzen Wasser. Schon auf Grund ihrer Größe ist bei Bäumen der Wasserverbrauch besonders hoch. Eine einzige hundertjährige Buche verdunstet am Tag bis zu 500 Liter Wasser. Dort, wo es nicht genügend regnet, haben Bäume raffinierte Strategien entwickelt, die es ihnen ermöglichen, trotzdem an die benötigte Wassermenge zu kommen. Die Kanarischen Kiefern *(Pinus canariensis)* beispielsweise „melken die Wolken".

Kanarische Kiefern müssen durchschnittlich mit nur 300 Liter Regen im Jahr auskommen. Eigentlich für sie viel zu wenig. Dass diese imposanten Nadelbäume im Laufe ihres mehrhundertjährigen Lebens trotzdem bis zu 60 Meter hoch werden können und damit den Wuchshöhenrekord unter den Kiefern der Alten Welt halten, verdanken sie maßgeblich der besonderen Beschaffenheit ihrer Nadeln.

Mit bis zu 30 Zentimetern sind die Nadeln der Kanarischen Kiefer deutlich länger als die anderer Kiefernarten. Das hat einen ganz bestimmten Grund: An Tagen, an denen es nicht regnet, aber dichter Nebel die Höhenlagen der Kanarischen Inseln einhüllt, schlägt sich am nadeligen Laub die Luftfeuchtigkeit nieder, sammeln sich allmählich unzählige Wassertröpfchen. Nach und nach fallen sie zu Boden, wo die Feuchtigkeit von den Wurzeln der Bäume aufgenommen werden kann.

Auf diese Weise gelingt es Kanarischen Kiefern, aus Nebel und Wolken im Jahr bis zu 2500 Liter Wasser auszukämmen und sie für ihr eigenes Wachstum nutzbar zu machen. Sie verbessern damit auch die Lebensbedingungen für das gesamte Ökosystem der Inseln.

Den Weltrekord in Sachen Nadellänge unter den Kiefern hält eindeutig die Kanarische Kiefer. Die Tränenkiefer (Pinus wallichiana) *aus dem östlichen Himalaja steht ihr nur wenig nach. Ihre Nadeln werden 20 Zentimeter lang. Die mähnenartigen Nadelbüschel haben ihr wie einigen anderen Kiefernarten die Bezeichnung Seidenkiefer eingebracht.*

Lichtasketen: Milzkraut

38

Was mit Pflanzen passiert, wenn sie zu wenig Licht bekommen, weiß jeder Pflanzenfreund. Bei Kübelpflanzen etwa muss er zum Ende des Winters mit ansehen, wie seine Schützlinge immer kümmerlicher und kränklicher werden. Kein Wunder, Pflanzen ernähren sich nun mal in erster Linie von Licht. Lichtmangel ist für sie dasselbe wie für uns Hunger. Umso erstaunlicher, dass es Pflanzen gibt, die selbst extremen Lichtmangel aushalten.

Eine Pflanze, deren Lichtansprüche mehr als bescheiden ausfallen, ist das Wechselblättrige Milzkraut *(Chrysosplenium alternifolium)*, auch Goldleberkraut, Froschäuglein, Kröten- oder Krätzenblume genannt. Diesem Licht-Hungerkünstler begegnet man häufig: im Staudenbeet, wo die Sonne nicht gut hinkommt, an einer schattigen Stelle im Rasen oder beim Spazierengehen am Waldrand. Auf den ersten Blick ist das Wechselblättrige Milzkraut eine recht unscheinbare Pflanze, in Wahrheit aber ein bewundernswerter Rekordhalter. Wird in einer bis dahin völlig dunklen Höhle eine künstliche Beleuchtung installiert, siedeln sich im Lichtschein der Lampe als erstes Algen, nach und nach auch Lebermoose und Farne an. Das Kunstlicht bietet nur einen Bruchteil des Spektrums von natürlichem Licht, trotzdem begnügt sich auch das Wechselblättrige Milzkraut damit. Es gilt als die einzige Blütenpflanze, die rund um künstliche Beleuchtung in Höhlen wächst.

Für diese Art von Pflanzengemeinschaft hat die Wissenschaft einen eigenen Begriff geprägt: „Lampenflora". Eines der wenigen deutschen Wörter, die es aus der Wissenschaftssprache sogar ins Englische geschafft haben. Den absoluten Rekord in Sachen Lichtaskese halten allerdings Grünalgen der Gattung *Ostreobium*: Sie leben in 200 Meter Meerestiefe und kommen mit 99,999 Prozent weniger Licht aus als ihre Artgenossen an der Wasseroberfläche.

Das Wechselblättrige Milzkraut wurde früher der Signaturenlehre entsprechend wegen seiner milzförmigen Blätter zur Behandlung von Milzerkrankungen genutzt. Nachdem die Blüten von Fliegen bestäubt werden, bilden sich Früchte. Die reifen Samen liegen offen in den Fruchtschalen und werden von Regentropfen aus diesen kleinen Schüsseln herauskatapultiert.

Leben undercover: Lebende Steine

39

Wenn es im Sommer sehr heiß ist, zieht man sich gerne ins Haus zurück. Hier ist es angenehm kühl, und man bleibt vor Sonnenstrahlen geschützt. In ausgesprochenen Hitzeperioden fliehen manche Menschen sogar noch ein Stockwerk tiefer. Im dunklen Keller herrscht Wohlfühltemperatur, aber es ist halt auch sehr dunkel. Wüstentiere wie die Hornviper oder Rennmäuse ziehen sich tagsüber unter den Sand zurück, um der sengenden Sonne zu entgehen. Und was haben Pflanzen für einen Trick?

Je heißer und trockener das Klima, desto überlebensfeindlicher wird die Umgebung für Pflanzen. Trotzdem haben es nicht wenige Gewächse geschafft, sich diesen Herausforderungen zu stellen. Meisterhaft verstehen es die in Südafrika heimischen Lebenden Steine *(Lithops),* äußerst sparsam mit dem kargen Wasser umzugehen und sich vor Strahlung zu schützen. Ihr Körper aus zwei miteinander verbundenen, dickfleischigen Blättern bleibt tief im Boden eingegraben. Nach ihrem Blattpaar mit abgeplatteten Stirnflächen muss man lange suchen, es verschwindet zwischen den Steinen. Minimierung der Oberfläche reduziert die Verdunstung, die der steinigen Umgebung nachgeahmte Farbe und Form bieten perfekte Tarnung. Über Pfahlwurzeln saugen die Lebenden Steine kostbares Nass aus der Tiefe.

Die Blätter, die eher kleinen Wassertonnen gleichen, verfügen auf der Oberseite über Fenster. Transparente Schichten lassen das Licht tief ins Innere der Tonnenblätter vordringen, das unter der Erdoberfläche liegt. Über die Wandungen werden die Lichtstrahlen zudem noch bis in die unterste Ebene gespiegelt.

So winzig die Fensterflächen der Blätter sind, so effektiv wird das wenige eindringende Licht genutzt. So lässt es sich als lichthungrige Pflanze im dunklen Keller gut aushalten.

Jährlich entstehen bei den Lebenden Steinen zwei neue Blätter, meistens exakt im rechten Winkel zu den vorherigen. Blüten bilden sich zum Ende der Regenzeit im Spalt zwischen den Blattpaaren.

Manche mögen's sehr heiß: Geysir-Rispenhirse

40

Hitze ist ein probates Mittel, um Pflasterfugen unkrautfrei zu halten. Innerhalb weniger Sekunden sterben die Pflanzen ab, wenn sie mit heißem Wasser in Kontakt kommen. Im Laufe der Evolution ist es aber einzelnen Pflanzen gelungen, sich so erfolgreich an extreme Hitze anzupassen, dass sie selbst bei 70 Grad Celsius noch prächtig gedeihen.

Hitze setzt den meisten Pflanzen viel mehr zu als Trockenheit. Steigen die Temperaturen über 30 Grad Celsius, geraten Pflanzen in Hitzestress. Die Photosynthese funktioniert nicht mehr richtig, und der Stoffwechsel bricht zusammen, das Wachstum wird eingestellt, die Pflanzen werfen Blätter und Knospen ab.

Das wichtigste Brotgetreide der Welt beispielsweise, der Weizen *(Triticum)*, gedeiht nur bis maximal 38 Grad Celsius. Bereits bei einer Erhöhung der Temperatur um nur ein Grad verringert sich der Ernteertrag um 10 Prozent. Jenseits der kritischen Temperaturschwelle wird die Pflanze immer mehr geschädigt, bis sie schließlich völlig abstirbt. Nur wenige Pflanzen ertragen Temperaturen von 40 Grad Celsius und mehr.

An den heißen Quellen des Yellowstone-Nationalparks in den USA wächst allerdings eine Grasart, die hitzige Verhältnisse mag, der selbst Bodentemperaturen von 70 Grad Celsius nicht schaden. In ihrer Heimat nennt man sie Geyser Panic Grass oder Hot Springs Panic Grass *(Dichanthelium lanuginosum)*, übersetzen ließe sich das als Geysir- oder Heißquellen-Rispenhirse.

Bei jeder anderen Pflanze werden ab rund 45 Grad Celsius die Proteine in den Zellen zerstört wie beim Spiegelei in der Pfanne. Bei noch mehr Hitze würden sie regelrecht kochen und innerhalb kürzester Zeit absterben. Dieser seltenen Grasart ist es allerdings gelungen, eine Allianz mit einem bestimmten Pilz zu schmieden. Der Pilz wächst im Inneren der Grashalme und macht sie selbst gegen große Hitze unempfindlich. Ohne den Pilz stirbt auch *Dichanthelium lanuginosum* unter dem Einfluss von Hitze ab. Dass es wirklich der Pilz ist, der dem Gras das Überleben sichert, bewiesen Forscher mit einem Versuch: Sie sprühten Sporen dieses Pilzes auf Weizensamen, und siehe da: mit Hilfe des Pilzes konnte auch das Brotgetreide selbst bei 70 Grad Celsius noch wachsen.

Außer spezialisierten Bakterien, Algen und mikroskopischen Pilzen wächst rund um die heißen Quellen im Yellowstone-Nationalpark nichts. Zusätzlich zur Hitze machen extreme Säure und giftige Gase ein Leben schier unmöglich. Nicht so bei Pflanzen, die eine Symbiose mit Pilzen eingehen: Das Geyser Panic Grass füttert den Pilz in seinen Halmen mit Zucker, damit der seine Zellen hitzebeständig hält.

Die das Feuer lieben: Eukalyptus

41

In den Nachrichten gibt es regelmäßig Berichte von gewaltigen Buschfeuern in Australien, die riesige Waldgebiete „zerstört" hätten. Tatsächlich hat sich die Vegetation auf dem roten Kontinent in Millionen von Jahren so gut an immer wiederkehrende Feuer angepasst, dass viele Pflanzen die Brände nicht nur aushalten, sondern die Flammen sogar brauchen, um sich überhaupt vermehren zu können. Sie lieben das Feuer.

Zu den absoluten Pyromanen – die Wissenschaftler sprechen von Pyrophyten – unter den australischen Pflanzen zählen die Eukalypten *(Eucalyptus)*. Die hohe Konzentration von ätherischen Ölen in ihren Blättern wirkt wie ein Brandbeschleuniger. Schon ein Funke kann genügen, und die trockenen Blätter am Boden fangen Feuer. Das aber ist den Eukalyptusbäumen nur recht, denn ihnen kann das Feuer nicht viel anhaben. Die meisten von ihnen tragen die Krone so hoch, dass die Flammen kleinerer Buschfeuer sie gar nicht erreichen. Langsam brennende, sehr heiße Feuer höhlen manchmal den Stamm aus, aber auch das hindert einen Eukalyptus nicht daran, weiterzuwachsen. Selbst wenn ein besonders heftiges Feuer die Krone zerstört und den Stamm äußerlich völlig verkohlt hat, kann der Baum wieder austreiben. Von der äußeren Rinde führen Stränge in den Baum, die zum Leben erwachen, wenn bestimmte Hormone durch die feurige Hitze aktiviert werden. Auf diese Weise werden junge Knospen produziert, und der Baum ist nach kurzer Zeit wieder grün. Ja, sogar wenn ein Baum das Feuer nicht überleben sollte, stellt er durch seinen Feuertod sicher, dass seine zahlreichen Nachkommen beste Startchancen bekommen.

Ohne die Hitze des Feuers können sich die Samen von Eukalypten nämlich gar nicht öffnen und auch nicht keimen. Insofern sind Brände für ihre Ausbreitung unerlässlich. Die Flammen verwandeln altes Laub und andere Pflanzen, die dem Keimling das Licht streitig machen könnten, in nährstoffreiche Asche, sodass der junge Eukalyptus nach einem Brand sowohl mit Licht als auch mit Nährstoffen bestens versorgt ist.

Problematisch werden Buschfeuer immer dann, wenn der Mensch sie lange Zeit erfolgreich verhindert. Dann sammelt sich am Boden so viel Brennmaterial aus altem Laub und abgefallenen Rinden an, dass die Hitze des Feuers auch die Pflanzenwurzeln schädigt. An langsam brennende, sehr heiße Feuer ist die australische Vegetation nicht angepasst.

Neben Eukalyptusbäumen haben sich viele andere Pflanzen der Trockenwälder, Steppen, Savannen und Buschgebiete an häufig wiederkehrende Feuer angepasst, und das nicht allein in Australien. Dazu gehören beispielsweise auch Korkeichen (Quercus suber) *im Mittelmeerraum, Silberbäume* (Protea) *in Südafrika oder Mammutbäume* (Sequoia) *in Nordamerika.*

Der Baum, der Hiroshima überlebte: Ginkgo

42

Der Name der japanischen Stadt Hiroshima ist zum Sinnbild für unvorstellbare Zerstörung geworden. Nach dem US-amerikanischen Atombombenabwurf am 6. August 1945 wälzte sich ein Feuerball mit einer Temperatur von 6000 Grad Celsius durch die Innenstadt. Die Hitze war so groß, dass 14 000 Menschen regelrecht verdampften. Von ihnen konnten keinerlei Überreste mehr gefunden werden. Insgesamt waren an diesem Tag 90 000 Tote zu beklagen, noch einmal so viele starben in den weiteren Jahren an den Folgen radioaktiver Strahlung. Unglaublich, aber wahr: Nur wenige hundert Meter vom Zentrum der Zerstörung hat ein Baum überlebt. Ein Ginkgo *(Ginkgo biloba)*.

Ginkgo-Bäume zählen zu den lebenden Fossilien. Rund 400 Millionen Jahre ist es her, dass die Pflanzen anfingen, die Erde zu erobern. Unzählige Arten sind seither entstanden und wieder ausgestorben. Der Ginkgo behauptet sich als eine der seltenen Ausnahmen schon seit 300 Millionen Jahren. In Asien gelten vor allem seine Nüsse als Elixier für ein langes Leben. Gegen Husten, Asthma und Nervosität werden sie auch in der europäischen Naturheilkunde eingesetzt. Extrakte aus Ginkgoblättern sollen die Durchblutung fördern und die Gedächtnisleistung steigern.

Zweifellos haben sich Ginkgobäume im Laufe ihrer langen Evolution extrem wirkungsvolle Überlebensstrategien erworben. Dennoch grenzt es an ein Wunder, dass einer von ihnen den Atombomenabwurf von Hiroshima überlebte. Nur gut 1000 Meter vom Zentrum der Detonation entfernt stand ein Ginkgobaum vor einem Tempel. Das Gebäude wurde von der Explosion völlig zerstört, und auch der Baum hatte lichterloh gebrannt und war zusammengebrochen. Die Bombe hatte im weiten Umkreis jegliches Leben zerstört. Umso mehr staunten die Menschen, als aus den Überresten des Baums im nächsten Frühling junge Triebe sprossen. Der Baum steht bis heute, und der Tempel von Hosenbou wurde mittlerweile um den Baum herum wieder aufgebaut.

Der Ginkgo gilt als Symbol für ein langes Leben, für Stärke, Unbesiegbarkeit und Hoffnung. Dem „Wanderer zwischen den Welten", der auf dem Planeten Erde schon lange vor den Dinosauriern existierte und sich bis heute als ungeheuer zäh und robust erweist, ist von der Baum-des-Jahres-Stiftung der Titel „Baum des Jahrtausends" verliehen worden.

43

Zum Dahinschmelzen: Alpenglöckchen

Heiß ersehntes Schauspiel nach jedem Winter: Schneeglöckchen *(Galanthus nivalis)* schieben ihre Blüten durch die Schneedecke. Sie setzen das Zeichen für den Frühlingsbeginn. Der liegt im Flachland zwischen Ende Februar und Anfang März. In den Gebirgen dagegen bleibt alles noch lange unter einer mächtigen Schneeschicht verborgen. Oft erst im Juni schmelzen die letzten Reste dahin und erlauben Pflanzen das Wachstum. In Mulden und Senken des Hochgebirges bleibt der Schnee besonders lange liegen, hier bleibt extrem wenig Zeit zum Blühen.

Die Alpenglöckchen *(Soldanella)*, auch Eisglöckchen oder Troddelblumen genannt, haben sich auf ebensolche lebensfeindlichen Standorte spezialisiert. Sie beherrschen gleich mehrere Tricks, um in dieser Höhe zu überleben. Der Schnee ist noch nicht verschwunden, da baumeln bereits ihre zartvioletten, fein gefransten Blüten an zierlichen Stielen im Wind. Die Knospen haben sich ihren Weg durchs Eis gebahnt. Allerdings schmelzen sie den Schnee nicht aktiv hinweg, das würde sie enorm viel Energie kosten. Und mit Energie heißt es sorgsam haushalten in hochalpinen Regionen. Vielmehr absorbieren die dunklen Knospen und Stängel das Sonnenlicht durch die dünne Schneedecke hindurch und heizen sich dabei auf.

Was Forscher der Universität Basel an der Alpinen Forschungs- und Ausbildungsstation ALPFOR auf dem schweizerischen Furkapass in 2440 Meter Höhe entdeckten, brachte sie zum Staunen. Das Zwerg-Alpenglöckchen *(Soldanella pusilla)* blüht nicht nur in aufgeschmolzenen Schneelücken, sondern wächst bereits unter dem Schnee. Das ist einzigartig und bislang unerklärlich. Normalerweise ist es bei Temperaturen um 0 Grad Celsius, wie sie unter dem Schnee herrschen, für Pflanzen unmöglich zu wachsen. Die Zellen können sich nicht teilen. Aber das Alpenglöckchen schafft es, sich innerhalb von drei Tagen mehr als fingerlang in die Höhe zu strecken. Eine grandiose Leistung.

Ihre Blüten sind die ersten, die nach dem Schnee im Hochgebirge erscheinen. Alpenglöckchen gehören wie Schlüsselblumen oder Alpenveilchen zu den Primelgewächsen. Alle Arten – in den Alpen gibt es zehn – stehen unter Naturschutz. Ihre Bestände schmelzen dahin, weil ihre Lebensräume bedroht sind.

Total versalzen: Dänisches Löffelkraut

44

Auf Salz könnten Pflanzen, würde man sie fragen, gerne verzichten. Eine Prise Salz, für uns Menschen unverzichtbar, kann grünen Gewächsen das Leben ganz schön versalzen. Man braucht nur an die Randstreifen von Autobahnen und Straßen zu schauen, wo im Winter viele Auftausalze gestreut werden. Dort leiden Bäume, Sträucher und Blumen. Sie bekommen braune Blattränder, wirken wie verdorrt, verlieren schon im Sommer ihr Laub. Einige wenige jedoch kommen mit gesalzenen Verhältnissen prima zurecht.

Pflanzen können Wasser aus dem Boden nur dann in ihre Wurzeln aufsaugen, wenn das osmotische Gefälle stimmt – das heißt ihr Inneres eine höhere Salzkonzentration aufweist als die Umgebung rundherum. Das Wasser fließt dann zum Salz hin. Ist das Erdreich allerdings stark mit Salz überfrachtet, können Pflanzen kein Wasser mehr aufnehmen und müssen verdursten. Mit diesem Problem sehen sich nicht nur Pflanzen entlang von salzbelasteten Straßenrändern konfrontiert, sondern auch Gewächse an Meeresküsten sowie an Salzstandorten im Binnenland. Trotz aller Widrigkeiten haben einige Arten spezielle Methoden entwickelt, um genau diese lebensfeindlichen Standorte zu besiedeln.

Das Dänische Löffelkraut *(Cochlearia danica)* ist ein sogenannter Halophyt, eine Salzpflanze, die ihr Fortkommen an hohe Salzgehalte angepasst hat. Wo andere Pflanzen längst aufgeben, greift das Löffelkraut zu einem Trick: Es stößt ältere Blättchen, in denen überschüssiges Salz angereichert wird, einfach ab. Ursprünglich nur an Nord- und Ostsee in Watt- und Salzwiesen heimisch, hat sich das Dänische Löffelkraut seit etwa 1980 auf die Reise begeben. Dank hoher Verkehrsdichte und intensivem Fernverkehr eroberte es sehr schnell die salzhaltigen Verkehrswege und hat sich in nur wenigen Jahren bis tief ins Binnenland, sogar bis in die Alpenregionen vorgedrängt.

Manche Pflanzen haben sich so sehr auf versalzene Verhältnisse eingestellt, dass sie nur noch an Salzstandorten gedeihen. Strandflieder *(Limonium)* filtert Salz bereits bei der Wasseraufnahme an den Wurzeln aus, er kann aber überschüssiges Salz auch über Drüsen an den Blättern ausscheiden. Der Queller *(Salicornia europaea)* verdünnt das Salz in seinen fleischig verdickten, wasserreichen Trieben. Diese schätzen Gourmets als Meeresspargel – man braucht das saftige Gemüse nicht einmal mehr zu salzen.

Fährt einen schnellen Reifen: Samen vom Dänischen Löffelkraut werden über Reifenprofile mitgerissen und säumen die mit Auftausalzen im Winter eisfrei gehaltenen Straßen. Man findet die Pflanzen auf Mittel- und Seitenstreifen, bis maximal einen halben Meter vom Asphalt entfernt. Weiter weg nimmt die Salzkonzentration des Bodens immer mehr ab, hier kann sich der kleine Kreuzblütler gegenüber anderen Pflanzen nicht mehr durchsetzen.

Das Kamel unter den Pflanzen: Saguaro

45

Aus Westernfilmen wohlbekannt und die wohl am tiefsten beeindruckenden Wüstengewächse sind natürlich Kakteen, aber was für welche: die riesenhaften Kandelaber namens Saguaro *(Carnegiea gigantea)*. Als imposante Säulen mit oder ohne Seitenarme recken sie sich der gleißenden Sonne in der nordamerikanischen Sonora-Wüste entgegen. Und warten auf Regen, der nur selten, dann aber oft wolkenbruchartig fällt.

Ohne zu übertreiben, darf man den Saguaro als Kamel unter den Pflanzen bezeichnen, weil ihn eine entscheidende Eigenschaft mit dem „Wüstenschiff" verbindet. Beide können in kurzer Zeit große Mengen Wasser aufnehmen und lange Phasen ohne Trinken überstehen. Bis zu zwei Wochen halten Kamele aus, ohne einen Tropfen Wasser zu trinken – Saguaros dagegen ein ganzes Jahr. Ein Kamel kann auch „nur" rund 150 Liter Wasser speichern, in den mächtigen Leib eines ausgewachsenen Saguaros passen dagegen 800 Liter.

Damit die riesige Wassermenge im Kaktuskörper gespeichert werden kann, hat der Kaktus einen gerippten Stamm, der sich wie bei einer Ziehharmonika aufblähen lässt. Im Inneren ist ein schwammartiges Gewebe, wo das Wasser in Form einer geleeartigen Substanz eingelagert wird und auch bei größter Hitze nicht einfach verdampft. Wasser, und zwar viele hundert Liter während eines einzigen Regengusses, saugt der Kaktus mittels eines leistungsfähigen Wurzelsystems auf, das nur ganz knapp unter der Erdoberfläche verläuft, sich aber ungeheuer weit ausbreitet. Es erstreckt sich gewöhnlich mindestens so ausgedehnt rund um den Saguaro wie dieser selbst hoch ist.

Saguaros erreichen Wuchshöhen von 16 bis 17 Metern, das ist höher als ein fünfstöckiges Wohnhaus. Die dornigen Giganten wachsen anfangs extrem langsam. Der Start ins bis zu 200 Jahre währende Leben gelingt nur im Schatten eines „Pflegebaums". Im ersten Jahr wird – Sommerregen vorausgesetzt – aus dem Samen ein Sämling von wenigen Millimetern, nach zehn Jahren erreicht der junge Saguaro immerhin schon 4 Zentimeter Wuchshöhe. Nach 50 Jahren reicht der Scheitel des schlanken Stamms 2 Meter empor. Jetzt zeigen sich auch Blüten und Früchte, nach einem weiteren Jahrzehnt entstehen erste Seitenarme. Aufrecht gehalten werden die säulenartigen Stämme mit bis zu 1 Meter Durchmesser von starken, elastischen Holzgerippen. Das Gewicht der Riesen umfasst mehrere Tonnen, es schwankt stark mit dem Wassergehalt. Aber es besteht kein Zweifel, dass der Saguaro der mächtigste Kaktus des amerikanischen Kontinents ist. Damit hält er auch den Weltrekord, denn Kakteen kommen ausschließlich in der Neuen Welt vor.

So mächtig Saguaros wirken, so verletzlich sind sie. Während ihres gesamten Lebens werden sie von vielen Einflüssen in ihrer Existenz bedroht. Stürme, Blitzschlag, Frost, Besiedelung, das Zertrampeln des empfindlichen Bodens durch Weidetiere, leider auch Vandalismus dezimieren die prachtvollen Gestalten, die aufgrund ihres eigentümlichen Wachstums so aussehen, als hätten sie menschliche Züge.

Von wegen stumm: Mais

46

Nicht nur Menschen und Tiere, auch Pflanzen können kommunizieren. Meist tun sie das auf chemischem Weg durch Duftmoleküle. So locken sie Bestäuber an, senden sich aber auch gegenseitig Botschaften. Von einer Pflanze ist mittlerweile nachgewiesen, dass sie sogar Laute hervorbringen kann.

Dass Pflanzen sich untereinander verständigen, ist Botanikern schon länger bekannt. Zum Beispiel können Pflanzen sich vor Gefahren warnen: Wird eine Pflanze von Fressfeinden angegriffen, bildet sie bestimmte Duftmoleküle, die die Artgenossen wahrnehmen können. Diese erzeugen daraufhin vermehrt Gerb- und Bitterstoffe oder sogar giftige Substanzen, um die eigenen Blätter für hungrige Pflanzenfresser zumindest unattraktiv, wenn nicht gesundheitsschädlich oder gar lebensgefährlich zu machen.

Kürzlich haben Wissenschaftler festgestellt, dass Pflanzen sogar in der Lage sind, Töne von sich zu geben. So senden die Wurzeln von Maispflanzen regelmäßige Klicklaute aus. Welche Funktion diese Laute haben, darüber rätseln die Wissenschaftler noch. Möglicherweise dienen sie ebenfalls der Verständigung mit Artgenossen oder anderen Pflanzen. Vögel markieren mit ihrem Gesang ihr Revier. Beobachtet wurde auch, dass Maiswurzeln auf Schallquellen zuwachsen, die niedrige Frequenzen aussenden, während sie hohe Frequenzen meiden.

Wildformen des Mais rufen gegen den in Amerika wegen seines hohen Schadpotenzials als One-Billion-Dollar-Beatle bezeichneten Maiswurzelbohrer mithilfe von Duftstoffen Fadenwürmer zur Bekämpfung herbei. Kulturmaissorten sind dagegen stumm geworden, ihnen ist diese Fähigkeit abhandengekommen. Über Gentechnik könnte man ihnen die Sprache wieder beibringen.

SOS: Tabak

Pflanzen leben fest verwurzelt und können nicht die Flucht ergreifen, wenn sie von Feinden angegriffen werden. Aber sie sind durchaus in der Lage, Hilferufe auszusenden. Herbeieilende Söldnertruppen befreien die Pflanzen dann aus ihrer misslichen Lage.

Offensichtlich können Pflanzen nicht nur erkennen, dass ein Insekt an ihnen frisst. Sie analysieren sogar, wer sich am Blatt vergreift. Charakteristische Speichelsekrete der Fraßfeinde sorgen dafür, dass die Pflanzen ein typisches Gemisch an leicht flüchtigen Substanzen erzeugen und als Alarm an ihre Umgebung aussenden. Feinde der Fraßfeinde, Räuber oder Parasiten „hören" die Duftsignale, eilen herbei und nehmen den Kampf auf.

Dieses System funktioniert ebenso unter- wie überirdisch. Werden Wurzeln von bestimmten Maissorten *(Zea mays)* von den Larven des Maiswurzelbohrers malträtiert, setzen sie bestimmte Duftstoffe frei. Diese locken Heerscharen von Fadenwürmern an, welche die Raupen vertilgen. Ein duftender Aufschrei der Limabohne *(Phaseolus lunatus)*, von Bohnenspinnmilben traktiert, alarmiert Raubmilben, die sie von ihren Quälgeistern befreien.

Tabak *(Nicotiana tabacum)* wehrt sich gegen Fraßfeinde höchst erfolgreich mittels eigener Giftproduktion. Nikotin ist ein starkes Nervengift, das selbst Kaninchen in die Flucht schlägt. Wirkungslos bleibt es dagegen bei den Raupen des Tabakschwärmers. Die reichern das Gift sogar an, um selbst vor Fraßfeinden geschützt zu sein. Deshalb verzichtet die Tabakpflanze bei Befall durch Tabakschwärmerraupen auf die energiezehrende Nikotinproduktion und sendet Duftbotschaften zur Rekrutierung von Raupenparasiten. Gleichzeitig stellt der Tabak Stoffe her, die den Raupen gehörig den Magen verderben und sie so, schon ausgezehrt, zur leichten Beute machen.

Wenn die Alarmsirenen der Pflanzen schrillen, lockt das nicht nur Hilfe herbei, sondern informiert wie bei einem Frühwarnsystem gleich auch die Nachbarschaft.

Bodyguards: Ameisenpflanzen

48

Um körperliche Unversehrtheit und das eigene Leben zu schützen, verfügen Pflanzen über ein ganzes Arsenal an Tricks. Mechanische Abwehr durch Dornen, chemische Kampfansage mittels Gift – trotzdem bleiben manche Waffen leider stumpf. Dann ist gut dran, wer eine Leibgarde um sich hat.

Ausgebildete Profis sorgen bei Filmstars, Politikern oder Wirtschaftsbossen rund um die Uhr dafür, dass den Prominenten nichts geschieht. Ein mit allen Wassern gewaschenes Sicherheitspersonal leisten sich auch so manche Gewächse. Der Personen-, besser Pflanzenschutz wird von Ameisen übernommen. Die Zaunwicke *(Vicia sepium)*, aber auch Vogelkirsche *(Prunus avium)*, Gewöhnlicher Schneeball *(Viburnum opulus)* oder Hundsrose *(Rosa canina)* zeigen an den Blattstielen Verdickungen. Es sind Nektardrüsen, die süßen Lohn verteilen. Lohnempfänger sind Ameisen, die dafür alle ungebetenen Annäherungen durch Käfer, Raupen oder Wanzen abwehren, indem sie die Insekten unerbittlich vom Baum werfen.

In den Tropen verbreitete Ameisenbäume *(Cecropia)* wie auch Akazien *(Acacia)* leisten sich solche Bodyguards gleich scharenweise. Sie gewähren Ameisenvölkern nicht nur Kost, sondern auch Logis. In hohlen Dornen oder gekammerten Stämmen siedeln sich die Ameisen an und erhalten von ihren Bäumen ausreichend Nahrung. Dafür reagieren sie äußerst aggressiv auf alles, was ihre Bäume irgendwie beeinträchtigt: angefangen von pflanzlichem Aufwuchs und Schlinggewächsen bis hin zu allen tierischen Liebhabern, von der Laus bis zur Giraffe.

An der auf Wiesen und in Gebüschen anzutreffenden Zaunwicke sieht man häufig Ameisen geschäftig auf und ab laufen. Sie hüten dort nicht wie sonst üblich ihre Milchkühe, die Blattläuse (siehe Bild auf Seite 104 links), sondern bedienen sich an den Nektardrüsen der Blattansätze. Für das „Polizistenfutter" erledigen sie Wachdienste und jagen jegliche Fremdbesucher von den Schmetterlingsblütlern.

Stammwunder: Banyanbaum

49

Bäume bestehen immer aus einem Stamm und einer Krone und wachsen stets von unten nach oben. Stimmt gar nicht: Tatsächlich finden sich in naturbelassenen Wäldern häufig Laubbäume mit mehreren Stämmen. In den Tropen gibt es eine Baumart, die sogar Hunderte von Stämmen ausbilden kann: der Banyanbaum. Aber damit nicht genug der Skurrilität: Dieser Baum wächst nicht vom Boden Richtung Himmel, sondern genau umgekehrt.

Wie alle tropischen Feigenbäume ist auch der Banyanbaum *(Ficus benghalensis)* ein wichtiger Nahrungsbaum für eine Vielzahl von Vögeln. Mit dem Vogelkot kommen die Samen des Banyanbaums weit herum. Landet ein Samen an einer günstigen Stelle im Kronendach eines anderen Baumes, kann er dort keimen. Schon bald beginnt das junge Bäumchen damit, unzählige Luftwurzeln Richtung Boden zu schicken. Sobald diese die Erde erreichen, wurzeln sie ein und sammeln Nährstoffe. So werden sie schnell dicker und verschmelzen mit Nachbarwurzeln zu dünnen Stämmen. Nach einer Weile haben sich viele einzelne Stämme gebildet, die die Krone des neuen Baumes stabilisieren. Gleichzeitig leitet das wachsende Wurzelsystem immer mehr Wasser und Nährstoffe in die Krone.

Für den Wirtsbaum bleibt das nicht ohne Folgen, denn die Blätter des Banyanbaums rauben ihm das Licht, während sein Stamm im Laufe der Jahre vom engen Geflecht der Banyanwurzeln regelrecht erwürgt wird. Die Krone des Banyanbaums wird mittlerweile immer mächtiger und hört nicht auf, weitere Luftwurzeln zu bilden, die alle Richtung Boden wachsen, um sich dort zu verankern. So entstehen im Laufe vieler Jahrzehnte manchmal Hunderte von Stämmen, die alle eine einzige riesige Baumkrone stützen. Einer Banyan-Feige in der Nähe von Kalkutta gelang es so, ihre Krone auf eine Gesamtfläche von 14 500 Quadratmetern auszudehnen. Das entspricht einer Fläche von zwei Fußballfeldern. Rekord: Sie gilt als der Baum mit der am weitesten ausladenden Krone der Welt.

Schleichender Tod: Der Banyanbaum zeigt sich zunächst als unschuldiger Epiphyt, der seinen Wirt nur als Sitzplatz nutzt. Mit der Zeit, das kann mehrere hundert Jahre dauern, erdrosselt er mit seinen Wurzeln den Baum. Ihm gleich tun es viele andere Ficus-Arten, sie werden deshalb auch als Würgefeigen bezeichnet.

Lebendgebärend: Rispengras

50

Für Säugetiere nichts Ungewöhnliches, sondern die Regel: Sie bringen ihre Kinder lebend zur Welt. Vögel und Echsen legen Eier und brüten sie aus. Pflanzen entwickeln Samen, in denen ihre Embryonen verwahrt sind. Ein Pflanzenkind wird nicht geboren, schlüpft nicht aus einem Ei, sondern beginnt sein Leben fernab der Mutterpflanze mit der Keimung. Spannend genug, dieser Vorgang, bei dem aus einem unscheinbaren Samenkörnchen sich zuerst eine winzige Keimwurzel in die Erde schiebt und sich bald darauf grüne Blätter entfalten. Aber wie die Natur so ist: Es gibt auch andere Wege zum Start in ein neues Leben.

Wenn der Knoblauch *(Allium sativum)* einen Blütenstand treibt, dann entstehen – verborgen unter einem zylindrischen Häutchen – viele dreizählige Blüten. Was andere Blüten auszeichnet, bleibt ihnen verwehrt: Sex. Die Blüten sind nämlich unfruchtbar. Trotzdem kommt der Knoblauch wie die Jungfrau zum Kinde. Zwischen den sterilen Blüten bilden sich kleine Zwiebelchen, Brutzwiebeln oder Bulbillen. Sind sie reif, fallen sie herunter und beginnen ein eigenständiges Leben. Weinbergs-Lauch *(Allium vineale)* und Etagen- oder Luftzwiebel *(Allium cepa* var. *proliferum)* verzichten vollständig auf Blütenbildung, bei ihnen erscheinen bloß zwiebelige Nachkömmlinge, die schon auf dem Zwiebelschaft wieder grüne Röhrenblätter treiben. Allerdings ist diesen „Kindern" etwas mit den Mutterpflanzen gemein: Sie haben samt und sonders das identische Erbmaterial.

Das Phänomen, dass in einem Blütenstand junge Pflänzchen heranwachsen, gibt es auch bei Gräsern. Die Zwiebelrispe *(Poa bulbosa)* und das Alpen-Rispengras *(Poa alpina)* etwa: Bei beiden schaukelt auf filigranen Halmen gleich eine ganze Kinderschar, jedes Kind ist ein winziges Grasbüschel. Die Gräser gebären ihre Kinder lebend – so scheint es jedenfalls. Die Blütenährchen in den Rispen brüten jedoch keine Nachkommen aus, sondern wenden sich vom Liebesleben ab und kehren zum vegetativen Wachstum zurück. Statt sich bestäuben und befruchten zu lassen, Samen zu produzieren, wachsen sie einfach grasartig weiter. Sie sind also pseudo-lebendgebärend, was für den Betrachter aber kaum ersichtlich wird.

Der etwas andere Weg ins junge Leben: Bei einigen Lauch- und Grasarten bleiben die Nachkommen so lange an der Mutterpflanze, bis sie, bereits zu stattlichen Jungpflanzen herangewachsen, in die Eigenständigkeit starten. Nachdem keine Durchmischung der Gene stattgefunden hat, handelt es sich um Klone.

Höllischer Gestank: Riesenrafflesie

51

Ein unglaublicher „Duft" wabert durch den Dschungel, wenn die Riesenrafflesie *(Rafflesia arnoldii)* blüht. Von grünen Blättern keine Spur. Die unglaubliche Blüte erinnert im Aussehen an einen überdimensionalen Erdstern, eine heimische Pilzart. Mit ihrer rotbraun gesprenkelten Oberfläche wirkt sie wie aus tierischem Fleisch. Und riecht – wie Fleisch im fortgeschrittenen Zustand der Verwesung.

In den Regenwäldern Südostasiens gedeiht eine der rätselhaftesten Pflanzen der Welt. 200 Jahre Forschung waren notwendig, um herauszufinden, um welche Art von Pflanze es sich bei der Riesenrafflesie überhaupt handelt. Heute ist klar, dass die skurrile Pflanze in die nähere Verwandtschaft von Weihnachtsstern und Gummibaum gehört. Obwohl sie weder Wurzeln noch Blätter bildet, ist sie eine echte Pflanze – aber ein Vollschmarotzer. Sie ernährt sich vollständig von großen Lianen, die sie anbohrt, um sich bei ihnen Wasser und Nährstoffe zu holen.

Ihre tiefrote Blüte gehört zum Seltsamsten, was die Natur je hervorgebracht hat: Statt zarter, lieblich duftender Blütenblätter bildet diese Pflanze dicke, fleischige Auswüchse. Sie ahmt damit Aas nach; der durchdringende Gestank nach verwesendem Fleisch hat ihr im englischen Sprachraum den Namen „corpse flower", Leichenblume eingebracht. Fliegen sind ganz wild auf sie, weil sie im „Fleisch" beste Futter- und Eiablageplätze wittern.

Mit einem Durchmesser von über einem 1 Meter und einem Gewicht von gut 10 Kilogramm ist eine Rafflesienblüte alles andere als zierlich, aber dennoch höchst sensibel. Sie benötigt ein gleichmäßig warmes und feuchtes Klima. Zu geringe Luftfeuchtigkeit lässt sie vorzeitig einschrumpeln, bei zu hoher Feuchtigkeit beginnt sie zu faulen. Ist die Rafflesie erst einmal in voller Pracht erblüht, kann sie selbsttätig Hitze erzeugen, um die Insekten noch besser zur Bestäubung anzuziehen. Denn: Warm stinkt's noch mehr...

Aber nicht nur Insekten, auch immer mehr Touristen lassen sich von den größten Blüten der Welt begeistern. Allerdings sollte man einen geplanten Besuch nicht zu lange hinauszögern, denn spätestens nach einer Woche macht die fleischige Riesenblüte schlapp und zerfällt in schwarzen Schleim.

Die Riesenrafflesie hält weltweit den Rekord für die größte und auch die schwerste Blüte des gesamten Pflanzenreichs. Es dauert bis zu einem Jahr, bis sich eine Blüte entwickelt: alles nur für ein paar Tage Blütezeit.

Die Wanne ist voll: Badewannenorchidee

52

Wenn Blüten ein aufreizendes Parfüm versprühen, tun sie das nicht uns Menschen zuliebe. Sie verfolgen damit eine ausgeklügelte Marketingstrategie. Sie locken Insekten zur Bestäubung an. Diese wissen (oder hoffen), dass sie an der Duftquelle süßen Nektar finden. Der Duft ist der Anreiz, der Nektar die Belohnung. Denn die Blüten fordern Botendienste: Das Insekt soll als Postillon d'Amour tätig werden, den Pollen zu anderen Blüten tragen und an deren Narben abliefern. Duft als Lockmittel – das ist unter Blumen weithin üblich. Dass Bestäuber aber nach Blütenduft süchtig werden und sogar das Fortbestehen ihrer Art von einem Blütenparfüm abhängig wird, ist schon sehr skurril.

In den Tropenwäldern Mittel- und Südamerikas wachsen auf Bäumen verschiedene Arten der Masken-, Helm- oder Badewannenorchideen *(Coryanthes)*. Sie tragen außergewöhnlich geformte Blüten. Ihre Unterlippe formt eine Badewanne. Darüber stülpt sich ein großer Helm mit fleischigen Rändern. Aus zwei darüber angebrachten Hörnern tropft wie aus Wasserhähnen eine klare Flüssigkeit in die Wanne. Ein intensiver Blütenduft strömt aus den Helmen: Parfüm für Machos.

Prachtbienen-Männchen sind mehr als heiß auf diesen Duft. Nur mit ihm werden sie für Weibchen unwiderstehlich, ja überhaupt erst attraktiv. Sie kratzen die ölige Duftschicht an den Helmleisten ab, geraten dabei mit ihren Flügeln ins Badewasser, werden von drängelnden Artgenossen geschubst und geraten unfreiwillig in die Wanne. Nass und flugunfähig müssen sie sich durch einen engen Ausgang aus der Wanne zwängen. Dabei klebt ihnen die Orchidee ihre Pollenpakete auf den Rücken. Kaum getrocknet, steht den Prachtbienen nichts anderes im Sinn, als erneut eine duftende Badewannenorchidee aufzusuchen. Dabei fallen sie oft wieder ins Wasser und müssen durch den Auslass, um jetzt die Pollen an der Narbe abzustreifen. Fehlen die Helmorchideen im Urwald, können sich Prachtbienen nicht paaren – weil kein Parfüm die Partner zueinander führt.

Bis zu 25 Zentimeter groß und 100 Gramm schwer: Solche Blüten verhelfen den Badewannenorchideen zum Rekord als Schwergewichtler unter den Orchideen. Prachtbienen stürzen sich auf die Blüten einer Coryanthes panamensis, *einer Badewannenorchidee aus Panama und Kolumbien.*

Blütenjuwel: Jadewein

53

Wenn Pflanzen bunte Blüten treiben, dann aus demselben Grund, weshalb Firmen und Geschäfte auffällige Werbung machen: Sie wollen Aufmerksamkeit erregen. Zielen Werbeplakate auf Käufer, sind es bei den Blüten die Bestäuber. Die häufigsten Blütenfarben sind Weiß und Gelb, auch violette und orangefarbene Töne gibt es oft. Blau kommt schon seltener vor, blaue Blüten gelten daher auch als Kostbarkeiten unter den Blumen. Türkisgrün allerdings findet sich als Blütenfarbe nur ein einziges Mal. Dieses Alleinstellungsmerkmal beansprucht eine Liane: der Jadewein *(Strongylodon macrobotrys)*.

Der Jadewein ist eine prachtvolle Liane, die im Regenwald der Philippinen gedeiht. Ihr Blütenstand kann 1,5 Meter lang werden, er besteht aus einer Kaskade von bis zu 100 jeweils gut fingerlangen Einzelblüten. Ihre spektakuläre türkisgrüne Farbe ist einmalig im gesamten Pflanzenreich. Das außergewöhnliche Blaugrün der Blüten beruht nicht auf unkonventionellen Chemikalien, sondern entsteht aus einer Mischung von gängigen Farbstoffen, wie sie unzählige Pflanzen in sich tragen: Malvin, das neben Malven auch Heidelbeeren, Kirschen oder roten Trauben ihr typisches Erscheinungsbild gibt und Saponarin, das Gelben Enzian, Wilde Karde oder Seifenkraut färbt. Zum speziellen Mischungsverhältnis dieser Farbstoffe kommt noch ein besonders alkalischer Zellsaft – erst dadurch schimmert die Blüte wie der Edelstein Jade. Das gab der Kletterpflanze ihren Namen Jadewein.

Eine einzigartige Eigenschaft verhilft im Marketing zu Vorteilen, von Experten wird das als Alleinstellungsmerkmal oder USP (unique selling point) bezeichnet. Die türkisgrüne Farbe sollte als USP demnach ganz besondere Kundschaft anlocken. Weil der Jadewein jedoch eine sehr seltene Pflanze ist, weiß bislang keiner so recht, wer die Blüten des Jadeweins besucht. Fledermäuse, Vögel? Wahrscheinlich dienen beide Tiergruppen dem Jadewein als Bestäuber, als Lohn für ihre Dienste erhalten sie reichlich Nektar. Landet ein bestäubendes Tier auf der Pflanze, um den süßen Saft aus den Blüten zu trinken, aktiviert es dadurch einen Pumpmechanismus. So presst die Blüte aus der Spitze eines Blütenteils Pollen heraus, den das Tier auf Fell beziehungsweise Federn gepudert bekommt und zur nächsten Blüte mit sich trägt.

Nicht wenige glauben an künstliche Blütenpracht, wenn sie zum ersten Mal einen Jadewein zu Gesicht bekommen – so ungewöhnlich erscheint die Blütenfarbe. Unter den kultivierten Pflanzen ist er sogar eine ausgesprochene Rarität. Nach Europa kamen die Samen dieser exklusiven Pflanze erst 1960. In Deutschland kann man den Jadewein beispielsweise im Botanischen Garten in Bonn besichtigen.

Leuchtende Beispiele: Echeverie

54

Pflanzen geben wirklich alles, um aufzufallen. In der scharfen Konkurrenz um Bestäuber wird mit Düften geprahlt und mit Farben geprotzt, was das Zeug hält. Manche Gewächse machen dabei die Nacht zum Tag, um sich der Buhlschaft zu entziehen: Sie blühen bei Mondschein statt bei Sonnenlicht. Nachtkerzen *(Oenothera)*, Mondwinde *(Ipomoea alba)*, Sternenphlox *(Zaluzianskya villosa)* oder die Königin der Nacht *(Selenicereus grandiflorus)* tragen dafür sogar spezielle Blüten, die wie Restlichtverstärker wirken. Das Mondlicht bringt sie zum Leuchten. Bisweilen schwirren dann auch Glühwürmchen um sie herum, die jedoch können aktiv leuchten.

Biolumineszenz nennt man die Fähigkeit von Lebewesen, selbst Licht zu erzeugen. Neben Glühwürmchen und Leuchtkäfern sind bestimmte Arten von Quallen, Kalmaren und Tiefseefischen sowie Pilze wie der Hallimasch dazu in der Lage. Aber Pflanzen? Außer reflektierenden Blütenoberflächen ist bislang von keiner Pflanze bekannt, dass sie dank einer chemischen Reaktion oder durch eigene Energieerzeugung Licht abstrahlen könnte. Wenn richtig Nacht wird, leuchten Pflanzen einfach nicht.

Oder gibt es sie doch, die leuchtenden Pflanzen? „Glow in the Dark“: Mit diesem vielversprechenden Werbeaufdruck werden im Gartenfachhandel Pflanzen unter dem Namen *Echeveria Miranda* angeboten. Extrem pflegeleicht sollen die kleinen Sukkulenten abends mehrere Stunden wie strahlende Sterne die Wohnung erhellen. Des Rätsels Lösung ist eine Spezialbeschichtung, aufgetragen auf die fleischigen Blätter der Echeverie *(Echeveria)*. Diese Schicht nimmt Sonnen- oder Kunstlicht auf und strahlt es bei Dunkelheit wieder ab – zudem ist der Effekt eher bescheiden.

Reizvoll ist die Vorstellung, eines Tages im Schein einer leuchtenden Zimmerpflanze statt neben einer Leselampe ein Buch zu lesen oder nachts in einer von leuchtenden Bäumen statt von Laternen erhellten Straße zu fahren. Das klingt futuristisch, ist dank Bio-Engineering aber bereits Realität, jedenfalls ansatzweise. Wissenschaftler aus den USA haben dem Bauerntabak *(Nicotiana alata)*, übrigens eine von nachtaktiven Schmetterlingen bestäubte Art, und anderen Arten den Stoff in die Zellen implantiert, der Meeresbakterien beziehungsweise Glühwürmchen leuchten lässt.

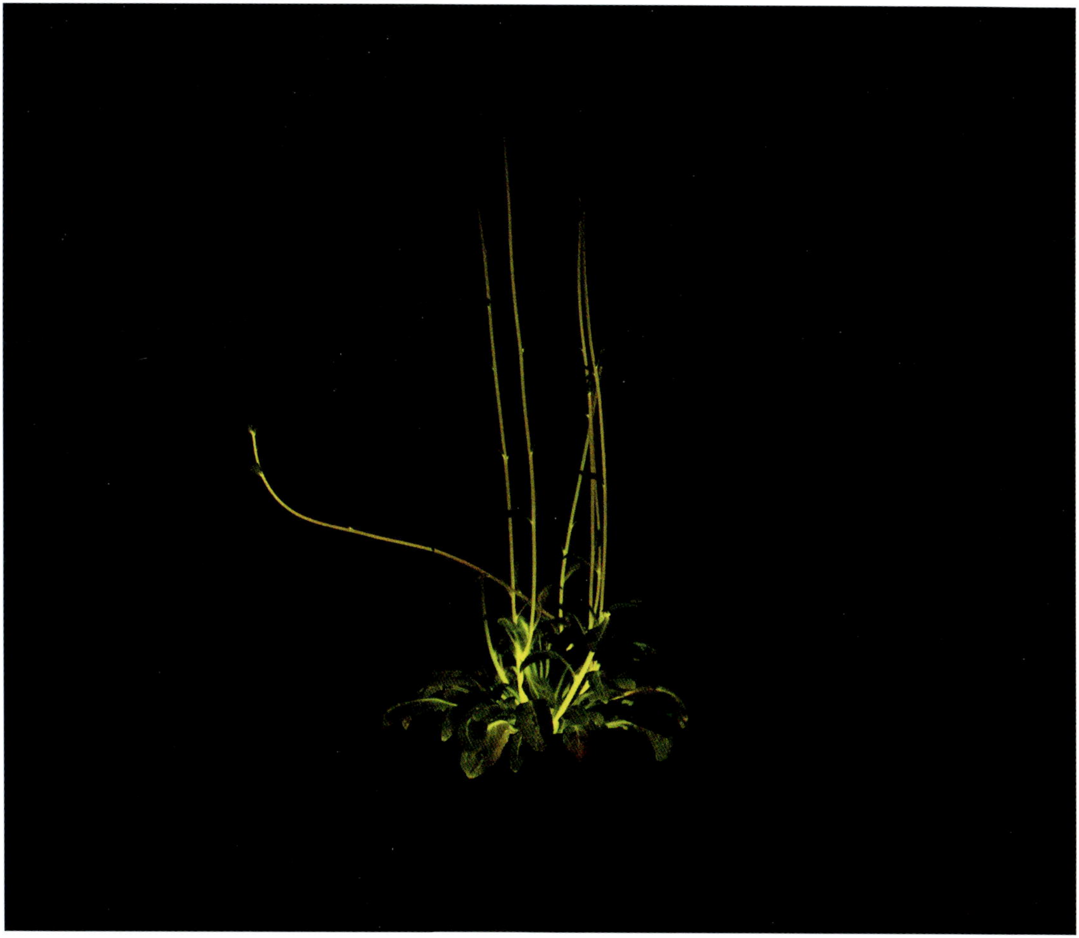

Noch ist die Helligkeit der lichterzeugenden Pflanzen wie bei dieser Ackerschmalwand (Arabidopsis thaliana) *nur mit Sternenlicht vergleichbar, noch reicht die Lebensdauer nicht weit. Aber die Forscher sind zuversichtlich, bald pflanzliche Lichtquellen zu schaffen, die keinerlei Energie verbrauchen – nur etwas Wasser und Dünger.*

Volles Rohr in die Kanne: Kannenpflanze

55

Wer sich nicht vielseitig ernährt, greift zu Nahrungsergänzungsmitteln, um fehlende Mineralien und Spurenelemente aufzunehmen. Pillen, Kapseln und Tabletten in den Schlund geworfen, gut eingespeichelt, und schon kommt der Organismus in Schwung. Dieser Kurs ist für Menschen entworfen, wird von Pflanzen aber schon lange verfolgt und aktiv gelebt.

Kannenpflanzen *(Nepenthes)*, in vielen Arten vor allem im tropischen Südostasien anzutreffen, und die in Nordamerika heimischen Schlauchpflanzen *(Sarracenia)* leiden an einem stetigen Defizit von Stickstoff, Kalium und Phosphor. Um den Bedarf zu stillen, warten sie auf milde Gaben – oder lassen die Spender ins Verderben stürzen. Ihre Blätter sind zu raffinierten Behältern umgestaltet, zu bauchigen Kannen beziehungsweise gestreckten Rohren, gefüllt mit Flüssigkeit.

Die Kannen und Schläuche wirken begehrenswert, ihre Ränder schillern verheißungsvoll, dem Inneren entsteigen betörende Düfte. Vielerlei Getier lässt sich auf eine Begegnung ein. Auf den Randwulsten, überzogen mit einem glitschigen Wasserfilm, gleiten Ameisen, Käfer, Tausendfüßer aus und rutschen an aalglatten Wänden in die Tiefe, ins unergründliche Nass. Dort strampeln sie, werden schwächer und schwächer… Extrem saure Verdauungssäfte, die nach innen abgegeben werden, lösen die Ertrinkenden auf. Dabei frei werdende Nährstoffe werden aufgesogen. Dank der Nahrungsergänzung, besorgt über passive Fallenstellerei, können die Kannen- und Schlauchpflanzen ansehnlich wachsen. Kannenpflanzen leben oft als Schlinger, hangeln sich viele Meter in die Höhe und tragen zahlreiche Kannenblätter. Schlauchpflanzen fallen durch besonders attraktive Blüten auf, die intensiv riechen – mal nach Veilchen, mal nach Katzenurin.

Manche Kannen erreichen durchaus die Größe einer Großfamilienkaffeekanne und fassen 2 Liter Inhalt. Am überschirmenden Deckel, der Regen abhält und so eine Verdünnung der Kannenflüssigkeit verhindert, lecken Kleinsäuger bei manchen Arten süße Nektartropfen, nutzen die Kanne gleich noch als Toilette und begleichen ihre Zeche mittels Dünger.

Wo Botanik zur Skurrilität neigt, kommen gleich noch absurd erscheinende Lebensgemeinschaften hinzu. Kannenblätter etwa dienen Mücken zur Eiablage, Fröschen zum Laichen und Fledermäusen als Schlafplatz. Auch die Schlauchblätter beherbergen ein komplexes Ökosystem aus Bakterien, Milben, Fadenwürmern und Rädertierchen. Sie bilden ein Nahrungsnetzwerk, wobei die Pflanze letztlich lachende Gewinnerin ist – sie lebt von den Resten der sich gegenseitig vertilgenden Meute.

Sündhaft teurer Shake: Kakao

56

Den Azteken waren die Früchte des Kakaobaums *(Theobroma cacao)* so kostbar, dass sie Göttern, Priestern und den mächtigsten Männern vorbehalten waren.

Kakaobohnen dienten als religiöses Kultobjekt, als Genuss-, aber auch als Zahlungsmittel. Zum Preis von 100 Kakaobohnen konnte man einen Sklaven erwerben. Steuern mussten teilweise in Form von Kakao entrichtet werden, die wertvollen Samen wurden als Schätze im kaiserlichen Palast gehortet – ähnlich wie Gold in Fort Knox.

Frauen und Kindern war der Genuss von Kakao verboten. Die angesehensten Männer sprachen ihm dafür besonders zu. Kakao als Getränk hatte in etwa den Stellenwert wie heute Champagner oder edelster Rotwein. Der berühmte Aztekenherrscher Moctezuma II. (um 1465–1520) soll täglich bis zu 50 Tassen „Xocolatl" getrunken haben. Ein Getränk, für das man zerstoßene Kakaobohnen in kaltem Wasser mit Chilischoten, Vanillestangen und Maismehl verrührte, und die Flüssigkeit anschließend so lange mit einem Holzquirl aufschlug, bis ein feiner Schaum in der Tasse stand.

Die Geschmacksrichtung des prestigeträchtigen Getränks lässt sich von der Wortbedeutung herleiten: „Xococ" war das aztekische Wort für „bitter" und „atl" für Wasser. Xocolatl heißt also eigentlich „bitteres Wasser". Auf die Idee, Kakao heiß aufzubrühen und mit Zucker und Milch zu vermischen, kamen erst die Europäer.

Eine Tasse Kakao zu schlürfen, war lange Zeit ein Privileg der Superreichen. Noch im 19. Jahrhundert wurde Schokolade als Stärkungsmittel in Apotheken gehandelt.

Aberwitzig kostspielig: Tulpe

57

Wer heutzutage die Zwiebel einer Tulpe *(Tulipa)* kauft, legt dafür nur ein paar Cent auf den Ladentisch. Billigware. Kaum zu glauben, dass einst überirdische Beträge für unterirdische Speicherorgane bezahlt wurden. Im Tulpenfieber kam es zur ersten Wirtschaftskrise der Geschichte, die durchaus Parallelen zum heutigen Wahnwitz in der Finanzwelt zeigt.

1637 wurde auf einer niederländischen Auktion eine einzige Tulpenzwiebel der Sorte 'Viceroy' für 4203 Gulden verkauft. Ein überaus stolzer Preis, denn mit 300 Gulden konnte damals eine Familie ein Jahr lang ihren Lebensunterhalt bestreiten. Damit war 'Viceroy' aber noch nicht die teuerste Zwiebel der Auktion: Die Sorte 'Admiral van Enchysen' erlöste sogar 5200 Gulden. Für zwei dieser Hochpreistulpen hätte sich der Käufer in einer der besten Lagen Amsterdams ein ganzes Haus kaufen können.

Der Tulpenwahn des 17. Jahrhunderts hatte damit seinen Höhepunkt erreicht. Anschließend begannen die Preise zu fallen, und zwar in atemberaubender Geschwindigkeit: innerhalb weniger Wochen um mehr als 95 Prozent. Nur vier Monate später wollte kein Mensch mehr Tulpenzwiebeln kaufen, egal zu welchem noch so günstigen Preis.

Der Handel, der noch kurz zuvor Tausende von Züchtern, Floristen, aber auch Spekulanten in eine wahre Manie versetzt hatte, kam vollkommen zum Erliegen. Die erste Spekulationsblase der Geschichte war auf spektakuläre Weise geplatzt. Die Geschwindigkeit, mit der die Preise verfielen, übertraf sogar die des berühmtesten Finanzdesasters der Geschichte: dem Wallstreet-Crash von 1929. Da hatte es immerhin zwei Jahre gedauert, bis die Aktien ihren absoluten Tiefststand erreichten.

Zocken um Zwiebeln: Für eine Zwiebel der Tulpe 'Semper Augustus' wurde 1623 ein Preis von 1000 Gulden gezahlt. 1624 kostete eine solche 1200 Gulden, 1633 bereits 5500 Gulden. 1637 stieg das Gebot auf schwindelerregende 10000 Gulden.

Ein Vermögen für ein paar Fädchen: Safran

58

Pfeffer, Zimt und Muskat sind Alltagsgewürze. Dabei wird oft vergessen, wie kostbar sie einst waren. Der Wettkampf um die Vormacht im Gewürzhandel hat die Welt verändert. Schließlich wäre Amerika nie entdeckt worden, hätte Christoph Kolumbus sich nicht in den Kopf gesetzt, eine neue Route zu den erlesenen Gewürzen Indiens zu erschließen. Früher unerschwinglich, kann sich heute jeder solche Spezereien leisten. Dennoch, es gibt ein Gewürz, für das immer noch Rekordpreise gezahlt werden: die Narbenschenkel des Safrankrokus *(Crocus sativus)*.

Safran ist das edelste und teuerste Gewürz des 21. Jahrhunderts. Ein einziges Gramm kostet im Einzelhandel 10 Euro. Was Safran so wertvoll und teuer macht, sind die vielen Stunden mühsamer Handarbeit, die in einem Kilogramm des edlen Gewürzes stecken. Bis heute ist noch keine maschinelle Vorrichtung erfunden, mit deren Hilfe die drei dunkelroten, süß-würzig duftenden Narbenschenkel (auch Stempelfäden genannt) aus dem Blütenkelch herauszutrennen wären. Denn einzig diese bergen das kostbare, bitter-herb-scharfe Aroma, weder die Stempel zur Gänze oder die Staubgefäße, und schon gar nicht die violetten Blütenblätter.

Rund 10 000 Blüten schafft ein Mensch pro Tag zu ernten. Für 1 Kilogramm Safran müssen die hauchdünnen und etwa 2,5 Zentimeter langen Aromaträger aus 200 000 bis 400 000 Blüten mit viel Fingerspitzengefühl und noch mehr Geduld herausgezupft werden. Kein Wunder, dass Safran nicht nur das kostbarste, sondern auch das meistgefälschte Gewürz der Welt ist.

Die feinen Stempelfäden der Krokusblüte werden mit getrockneten Blütenblättern der Färberdistel *(Carthamus tinctorius)* oder der Ringelblume *(Calendula officinalis)* gemischt oder sogar durch diese ersetzt, oder in Öl getaucht, um sie schwerer zu machen. Beim Safranpulver ist das Fälschungspotenzial noch höher, hier strecken preisgünstiges Kurkuma oder noch billigere Sägespäne und Ziegelmehl den edlen Safran.

Der Safrankrokus blüht übrigens nicht im Frühling, sondern im Herbst. In Spanien, der Safranhochburg Europas, werden die Zwiebeln des Safrankrokus in die Erde gesetzt, sobald die anderen Krokusse verblüht sind. Im Oktober öffnen sich dann Tausende violetter Blütenkelche.

Angebaut wird Safran auch in Frankreich, Italien, Griechenland, Österreich (Pannonischer und Wachauer Safran) und in der Schweiz (in der Gemeinde Mund erntet man pro Jahr 1 bis 2 Kilogramm). Mehr als 90 Prozent des Safrans stammt jedoch aus dem Iran und Afghanistan.

Bouillabaisse, Risotto alla milanese, Paella – viele Klassiker der europäischen Küche kommen ohne das teuerste Gewürz der Welt nicht aus. Safran gilt von alters her als Aphrodisiakum. Einst färbte man den Brautschleier oder bestreute das Hochzeitsbett mit dem Gewürz. Wer Safran fälschte oder verfälschte Ware verkaufte, wurde im Mittelalter auf dem Scheiterhaufen verbrannt – samt der Ware.

Die teuerste Blumenzwiebel des 21. Jahrhunderts: Schneeglöckchen

59

Kaum ein Garten, in dem im zeitigen Frühjahr nicht ein paar Schneeglöckchen *(Galanthus)* blühen. Wo sie einmal Fuß gefasst haben, vermehren sie sich von selbst und breiten sich aus. Wer daraus schließt, dass Schneeglöckchen keine besonders wertvollen Pflanzen sind, der irrt. Für ein einziges Zwiebelchen einer begehrten Sorte sind Sammler bereit, Hunderte von Euros auf den Tisch zu legen.

Kenner unterscheiden bei Schneeglöckchen 19 verschiedene Arten und mehr als 1500 Hybridsorten. Rund 40 000 Schneeglöckchenfans versammeln sich jedes Jahr im Park von Anglesey Abbey bei Cambridge, wo es 230 verschiedene Schneeglöckchensorten zu bestaunen gibt.

Die preisgünstigsten Schneeglöckchenzwiebeln sind für Centbeträge zu haben, aber für besondere Sorten werden 40 Euro und mehr bezahlt. Pro Zwiebel wohlgemerkt. Viele der Raritäten unterscheiden sich kaum von gewöhnlichen Schneeglöckchen. Aber schon ein grüner Punkt an einer ungewöhnlichen Stelle der Blüte oder ein gefaltetes Blatt kann aus einem gewöhnlichen Schneeglöckchen ein begehrtes Sammlerobjekt machen.

Im Jahr 2008 wurde auf einer Auktion in England eine einzige Schneeglöckchenzwiebel der Sorte *Galanthus nivalis* `Flocon de Neige´ für sage und schreibe 265 Pfund (mehr als 300 Euro) versteigert. Ein Schnäppchen, verglichen mit der Summe, die drei Jahre später eine ungewöhnliche Schneeglöckchensorte bei ebay einbrachte: Ein britischer Schneeglöckchenfan hatte für eine einzige Blumenzwiebel von *Galanthus plicatus* 'EA Bowles' fast 500 Euro geboten. Der Preis wurde 2013 noch getoppt. Ein Exemplar der gelb gemusterten Sorte 'Elizabeth Harrison' erzielte 875 Euro bei einer Online-Auktion.

Schneeglöckchen tragen gewöhnlich auf den weißen Blütenblättern grüne Flecken oder Striche. Präsentieren sich die Blüten in reinem, strahlendem Weiß, ganz ohne die sonst übliche grüne Zeichnung, werden sie zu begehrenswerten Kleinoden. Ein solcher Frühlingsblüher wurde 2002 im Garten Myddelton House in der Grafschaft Middlesex nahe London gefunden. Die prächtige Gartenanlage stammt vom berühmten britischen Gärtner und Gartenschriftsteller Edward Augustus Bowles (1865–1954) – schon war der Sortenname für das Schneeglöckchen gefunden.

Gesichert wie Fort Knox: Wollemie

60

Keine andere Baumart der Welt wird mit so extremen Sicherheitsvorkehrungen geschützt wie die australische Wollemie *(Wollemia nobilis)*. Sie ist von unschätzbarem Wert. Nicht, weil sie über besonders edles Holz oder seltene Inhaltsstoffe verfügen würde, sondern weil sie seit 65 Millionen Jahren als ausgestorben galt. Erst 1994 wurde eine kleine Gruppe dieser außergewöhnlichen Bäume wiederentdeckt. Für Botaniker ist dieser Fund so wertvoll, als wäre ein lebender Dinosaurier aufgetaucht. Bis heute wird der genaue Standort der Bäume streng geheim gehalten, und nachgezüchtete Exemplare werden hinter Gittern gesichert.

Wollemien kannten Forscher bis vor Kurzem nur in Form von Fossilien. Die ältesten Exemplare werden auf etwa 90 Millionen Jahre datiert. Den wissenschaftlichen Namen *Wollemia nobilis* verdankt die Baumart David Noble (*1965), einem australischen Nationalparkranger. 1994 entdeckte der auf einer Klettertour durch einen abgelegenen Canyon der Blue Mountains westlich von Sydney eine Gruppe von 23 Bäumen, die er nicht benennen konnte. Um sie zu Hause zu bestimmten, steckte er ein paar Zweige in seinen Rucksack. Wie sich später herausstellte, hatte er ein lebendes Fossil entdeckt.

Die Gattung *Wollemia* zählt zur Familie der Araukariengewächse. Die immergrünen Nadelgehölze sind ausschließlich auf der Südhalbkugel beheimatet. Bei uns kennt man die Zimmertanne *(Araucaria heterophylla)* als dekorative Kübelpflanze für kühle Räume oder die Andentanne *(Araucaria araucana)* aus Parks. Wegen ihres skurrilen Aussehens wird sie auch Affenschwanzbaum, Schlangenbaum oder Schuppentanne genannt.

Inzwischen sind rund 100 wild wachsende Exemplare der Wollemie bekannt. Ihr genauer Standort ist im wahrsten Sinne ein Staatsgeheimnis – um zu verhindern, dass Krankheiten oder Schädlinge eingeschleppt werden, die den wertvollen Baumbestand auf einen Schlag vernichten könnten. Alle bekannten Exemplare der Wollemie sind nämlich genetisch völlig identisch. Ein Rätsel, denn viele der rund 100 bislang gefundenen Bäume sind offensichtlich aus einem Samen gekeimt. Und Samen enthalten bekanntlich immer genetische Informationen sowohl des Vaters als auch der Mutterpflanze.

2005 versteigerte Sotheby's die ersten Ableger der Wollemien öffentlich, der Erlös für 292 Bäumchen betrug 1,5 Millionen US-Dollar. Der Nachwuchs wird streng bewacht. In einigen botanischen Gärten kann man die kleinen Wollemien hinter Gittern bestaunen, in anderen sind die wertvollen botanischen Schätze rund um die Uhr mit Videoüberwachung gesichert.

Lug und Trug: Sumpfherzblatt

61

Ein fairer Handel ist die Beziehung zwischen Bienchen und Blümchen: Für die Überbringung von Blütenstaub erhält das Insekt einen Lohn in Form von energiereichem Nektar. Dass dieses Geschäft erfolgreich funktioniert, beweisen zum Beispiel die alljährliche Apfelernte und der Honigertrag. Die Blüten zahlen mit Nektar, damit ihre Blüten bestäubt werden, so erst reifen ihre Früchte heran. Den Lohn der Arbeit, den Nektar, wandeln die Bienen zu Honig um.

Blüten stellen allerdings ihren Nektar nicht in verschwenderischen Mengen her, sondern gerade eben nur so viel, dass sie die Insekten zwar verköstigen, aber nicht sättigen. So werden die Bestäuber gezwungen, mehrere Blüten nacheinander zu besuchen, was sich bei Bienen und Hummeln durch Beobachtung unschwer erkennen lässt. Klingt alles noch redlich. Aber so manche Blüten betrügen ihre Bestäuber.

Das Sumpfherzblatt *(Parnassia palustris)* ist ein liebreizendes Rosettenpflänzchen, das auf der gesamten Nordhalbkugel auf feuchtem Untergrund vorkommt. Kaum einer würde dem anmutigen Geschöpf zutrauen, dass es ein frecher Bauernfänger am Wegrand ist. In seinen strahlend weißen Blütenschalen glitzern verheißungsvoll dicke, goldene Tropfen, die wie flüssiger Nektar aussehen – jedoch in Wahrheit feste Gewebekugeln sind. Die Täuschung ist so perfekt, dass nicht nur Fliegen immer wieder darauf hereinfallen, sondern sogar gestandene Botaniker dem Irrtum aufsitzen.

Täuschblumen wie beim Sumpfherzblatt finden sich nicht selten in der Pflanzenwelt. In Fachkreisen schätzt man, dass bis zu 5 Prozent aller Blütenpflanzen zu den Neppern und Schleppern gehören. Beim Bittersüßen Nachtschatten *(Solanum dulcamara)* etwa täuschen leuchtende Flecken am Grund der dunkelvioletten Blüten Nektardrüsen vor.

Wie ein Parabolspiegel fängt die Blütenkrone des Sumpfherzblatts das Sonnenlicht ein und heizt sich dabei im Zentrum um mehrere Grad auf. Fliegen wärmen sich gerne in der Blüte auf. Damit sie unbedingt Blütenstaub mitnehmen, hat die Blüte noch einen Trick parat: Die Staubgefäße reifen nacheinander. Sie klappen zur Mitte, die Staubbeutel öffnen sich nach oben. Das Insekt nimmt zwangsläufig Blütenstaub mit seiner Bauchseite auf. Anschließend klappen die Staubgefäße wieder nach außen und entledigen sich der leeren Staubbeutel.

Sex-Abzocke: Ragwurzen

62

Auf der Welt dreht sich alles nur um eine Sache. Jedes Lebewesen strebt danach, sich fortzupflanzen. Wenn dabei kein Klon mit identischer genetischer Ausstattung, sondern eine möglichst breite Vielfalt entstehen soll, ist zur Vermehrung ein Austausch zwischen den Geschlechtern nötig. Sex ist das Mittel zum Zweck. Dabei kann es heiß hergehen. Lust und Frust liegen nahe beieinander.

Erschlichener Beischlaf durch arglistige Täuschung – so könnte der Vorwurf lauten. Einem gutgläubigen Freier wurden mittels List und Tücke Hörner aufgesetzt, im doppelten Wortsinn. Ort des Geschehens: weder in Pattaya noch auf der Reeperbahn, sondern auf der Wiese. Nicht im Stundenhotel oder in der Peepshow, sondern für jedermann sichtbar. Niemand erhebt Beschwerde wegen Erregung öffentlichen Ärgernisses, keiner ruft den Staatsanwalt. Der Betrug hat besondere Methode.

Eine Reihe von Orchideen, die Ragwurzen *(Ophrys)*, arbeiten mit unverschämter Dreistigkeit. Ihre Blüten ahmen Bienen, Hummeln, Wespen, Fliegen oder Spinnen bis ins kleinste Detail nach. Sie sehen aus wie das Insekt, fühlen sich an wie das Insekt, riechen wie das Insekt – und zwar stets das weibliche. Damit ziehen die Ragwurzblüten männliche Insekten an. Die Männchen, blind vor Liebe, fallen auf die Attrappen herein und versuchen sie zu begatten. Beim ekstatischen Liebesakt kleben ihnen die Ragwurzblüten ihre Pollenpakete auf die Stirn. Bald merken die Männchen, dass sie einem Betrug aufgesessen sind. Mit zwei Hörnchen auf dem Kopf fliegen sie davon – um sogleich der nächsten Intrige aufzusitzen. Die Kopulationsversuche nutzen allein den Ragwurzen, dabei wird schließlich Pollen von einer Blüte zur anderen transportiert. Den Insektenmännern bleibt nichts als zerplatzte Hoffnungen. Na ja, bis sie dann endlich doch bei der Richtigen landen …

Und ewig lockt das Weib: Wie alle Ragwurzen trägt auch die Fliegen-Ragwurz (Ophrys insectifera) *Insekten- oder Sexualtäuschblumen. Die Blüten locken genau in dem Zeitraum, während dem männliche Grabwespen bereits geschlüpft, die Weibchen aber noch in ihren Puppenhüllen sind. Sie gaukeln den Männchen auf perfekte Weise vor, begattungswillige Weibchen zu sein. Sogar der Schimmer der häutigen Flügel wird durch einen schimmernden Spiegelflecken imitiert. Sobald die weiblichen Wespen schlüpfen, funktioniert die Abzocke nicht mehr.*

Fallensteller: Schwalbenwurz

63

Pflanzen, die Fallen auslegen? Ja, auch das gibt es im ach so harmlosen Reich des Chlorophylls. Wer in die Fangeisen der Seidenpflanzen *(Asclepias)* gerät, kann nur beten, dass er genügend Kraft hat, um sich aus der heimtückischen Falle loszureißen. Sonst droht ihm der elendigliche Tod durch Verdursten, Verhungern …

Seidenpflanzen besitzen Klemmfallenblüten: Jeweils zwei Staubbeutel sind miteinander verbunden, zwischen ihnen sitzt ein Klemmkörper. Blütenbesucher mit dünnen Rüsseln oder schlanken Beinen verhaken sich darin. Nur mittels eines gewaltigen Kraftakts gelingt es den stärksten unter ihnen, ihre Sauginstrumente beziehungsweise Füße wieder aus der Falle herauszuziehen – dabei bleiben aber Pollenpakete daran hängen. Beschwert mit Fußfesseln fliegen die Ärmsten weiter – wohin? Natürlich zur nächsten Seidenpflanze …

Ähnlich kriminell treibt es eine heimische Pflanzenart, die Weiße Schwalbenwurz *(Vincetoxicum hirundinaria)* aus der Familie der Hundsgiftgewächse. An trockenen, warmen Waldrändern oder auf Trockenrasen kommt sie häufiger vor. Weitere Namen wie Hundswürger oder Giftwurzel verraten, dass die von Juni bis August blühende Pflanze früher als Gegenmittel bei Bissen durch tollwütige Hunde oder Schlangen gepriesen wurde.

Hübsch, aber hinterhältig und dann auch noch giftig: Seidenpflanze und Schwalbenwurz.

Erpresserische Freiheitsberaubung: Aronstab

64

Blumen sind auch nur Menschen. Unter Gewächsen gibt es ebenfalls schwarze Schafe, die nicht viel von Fairness halten, was das Zusammenleben mit anderen Pflanzen und Tieren, insbesondere Insekten, betrifft. Hochstapelei, Drogenhandel und Körperverletzung sind an der Tagesordnung. Die Liste der fast perfekten Verbrechen ist noch länger, sie umfasst ebenso Geiselnahme, vorsätzliche Freiheitsberaubung und Erpressung von Lösegeld.

Der Gefleckte Aronstab *(Arum maculatum)* versteht sich meisterhaft auf Kidnapping. Sein keuliger Blütenstand ist von einem weißen Hochblatt eingehüllt, das im unteren Bereich einen kugeligen Kessel bildet, während es oben ausgebreitet Flagge zeigt. Dank einer Zentralheizung im Inneren heizt sich die Höhlung kräftig auf. Mit der Wärme verdunsten Duftstoffe, die wir eklig finden. Der Aronstab stinkt deftig nach Pissoir. Fliegen, vor allem sogenannte Abortfliegen mögen das, denn sie legen ihre Eier in fäkalienbelastete Gewässer. Die winzigen, haarigen Schmetterlingsmücken fliegen auf den Aronstabgeruch.

Auf der Suche nach einem vermeintlich idealen Eiablageplatz landen die Insekten am Hochblatt. Schon sind sie in die Falle getappt: Auf ölglatter Wand rutschen sie schnurstracks in den Kessel hinab. Dort sitzen sie hinter schwedischen Gardinen, Reusenhaare versperren ihnen den Weg. Aufgeregt krabbeln die Mücken in der Kesselfalle herum. Jetzt verlangt der Aronstab Lösegeld, die Insekten sollen den mitgebrachten Pollen an den klebrigen weiblichen Blüten abliefern. Endgültig freikaufen können sich die Mücken jedoch erst später, wenn sie sich mit Blütenstaub einpudern lassen – Lösegeld für die nächste Geiselhaft. Nach einer Nacht welken die Reusenhaare, das Gefängnistor öffnet sich. Die Abortfliegen suchen schleunigst das Weite. Und gehen dem nächsten Aronstab auf den Leim …

Inmitten einer Rosette aus pfeilförmigen Blättern erheben sich die Blütenstände des Aronstabs. Der bräunlich-purpurne Kolben erinnert an eine Kerze, wie bei einem Windlicht umhüllt von einem hellgrünen bis weißen Hochblatt. Die Pflanze ist in allen Teilen giftig, insbesondere für Weidevieh. Trotzdem wurde sie früher als Heilpflanze gegen Atemwegerkrankungen verwendet. Wer aber von Blüten, Blättern oder gar Früchten kostet, dem schwellen Lippen und Zunge stark an, der empfindet ein schmerzhaftes Brennen im Rachen. Übelkeit, Erbrechen und Durchfall folgen.

Messerstecher: Dieffenbachie

65

Sie steht in vielen Wohnzimmern als ornamentaler Grünpflanzenschmuck: die Dieffenbachie *(Dieffenbachia)*. Ihre anmutig weiß, gelb und grün gemusterten Blätter sehen harmlos aus, haben es aber in sich. Essen sollte man sie nicht. Denn die tropische Pflanze weiß sich auf eine derart infame Weise zu wehren, dass es einem die Sprache verschlägt.

Nicht nur in Dieffenbachien, auch in vielen weiteren beliebten Zimmerpflanzen wie Blattfahne *(Spathiphyllum)*, Fensterblatt *(Monstera)*, Engelsflügel *(Caladium)* oder Efeutute *(Epipremnum)* und sogar in der in den Tropen als stärkereiches Nahrungsmittel genutzten Taro *(Colocasia esculenta)* stecken Waffen – messerscharf und höchst verletzend. In besonderen Zellen, sogenannten Schießzellen, lagern bündelweise feine, bis zu 0,25 Millimeter lange Kristallnadeln aus Kalziumoxalat. Bei Berührung schleudern sie ihren Inhalt heraus und treffen ins Ziel. Nicht genug, dass die Raphiden, wie die Kristallnadeln in wissenschaftlichen Kreisen heißen, mechanisch verletzen. Durch eine besondere Struktur helfen sie dabei, wie bei den Giftzähnen von Schlangen noch Reiz- und Giftstoffe in die Verletzung zu injizieren.

Fatal, wer ein Stück Stamm der Dieffenbachie versehentlich verzehrt – was wohl leider schon vorkam. Zur Vermehrung kann der dicke Trieb in Scheiben geschnitten und zum Bewurzeln in wassergefüllte Schälchen gelegt werden. Die Stücke wurden dann mit Gurkenscheiben verwechselt. Das verursacht Brennen im Mund; Lippen, Zunge und Schleimhäute schwellen an, es bilden sich Bläschen, das Schlucken tut weh. Mitunter so schlimm, dass man tagelang nicht richtig sprechen kann oder gar erstickt. Darauf beruht der alte Volksname „Schweigrohr" für die Dieffenbachie.

Wer einmal eine solch unliebsame Erfahrung gemacht hat, meidet die Pflanze ab sofort wie der Teufel das Weihwasser. Jedenfalls reagieren hungrige Pflanzenfresser so, darunter Schnecken. Die Kristallnadeln bohren sich in deren Weichteile und verderben ihnen gehörig den sonst so ausgeprägten Appetit.

Dieffenbachien machen keinen Unterschied zwischen Pflanzenfreund und Fraßfeind. Ihre messerscharfen Waffen schleudern sie jedem entgegen, der sie berührt oder gar beschädigt.

Terroristische Vereinigung: Kudzu

Bei Dornröschen dauert es immerhin 100 Jahre, bis das Schloss hinter einer Hecke verschwindet. Im Märchen von Hans und den Zauberbohnen wachsen die Bohnen schon innerhalb einer Nacht bis zu den Wolken. Unter den real existierenden Pflanzen verlängert die Brombeere *(Rubus)* ihre Ranken innerhalb eines Tages um sage und schreibe 7,5 Zentimeter und webt ein dornenreiches Netz über den Waldboden. Trotzdem, angst und bange wird einem dabei nicht.

Das Entsetzen kann einen aber packen, wenn man erlebt, wie ein mit den Bohnen verwandter Schlinger in ungeheurer Geschwindigkeit das Terrain erobert und alles durchdringt. Mit tief ins Erdreich vordringenden Wurzeln, immer neuen Austrieben und langen Ranken überwuchert der Kudzu-Wein *(Pueraria montana* var. *lobata)* sämtliche Kulturen. Unaufhaltsam und unerbittlich breitet sich eine dichte Decke wie ein grünes Leichentuch übers Land, verschluckt ein undurchdringlicher Vorhang Wälder und Weiden, überwallt ein gefräßiges Blättermeer Scheunen, Häuser, Gehöfte und herrschaftliche Gebäude. Autos, Lastwagen und Traktoren verschwinden, Telefon- und Strommasten brechen unter der Last. Im Schatten des Kartells erstickt alles pflanzliche Leben, Kudzu übernimmt die Kontrolle.

Kudzu stammt aus Ostasien und wurde 1876 zur Centennial Exhibition in Philadelphia, Pennsylvania, in die USA eingeführt. In den 1930er-Jahren wurde der Hülsenfrüchtler, der durchaus an eine Stangenbohne *(Phaseolus vulgaris)* erinnert, als Futterpflanze, zum Erosionsschutz und mit hübschen Blüten über ansehnlichem Blattwerk als Zierpflanze angebaut. Im Südosten der USA fand Kudzu jedoch so optimale Wachstumsbedingungen, dass er sich explosionsartig ausbreitete. Rund 3 Millionen Hektar sind bereits unter Kudzu verschwunden. „The vine that ate the South", „mile a minute vine" oder „vegetable bulldozer" sind nur einige Titel, die man der Pflanze verliehen hat.

In nur wenigen Wochen kann Kudzu ganze Gebäude überwuchern. Er steht auf der Liste der Top-Terroristen unter den Pflanzen, gilt als eine der schlimmsten invasiven Neophyten. Die bis über 35 Kilogramm schweren Wurzelknollen sind sehr stärkereich; sie gelten wie Blätter, Blüten und Sprösslinge in Japan als begehrtes Nahrungsmittel. Als „Weltengrün" hat sich Kudzu hierzulande einen Ruf als Nahrungsergänzungsmittel erworben.

Totschlag in der Not: Venusfliegenfalle

Eine Pflanze darf sich rühmen, mit weltberühmten Horrorfiguren wie Dr. Jekyll und Mr. Hyde auf einer Stufe zu stehen. Die Venusfliegenfalle *(Dionaea muscipula)* ist die bekannteste Vertreterin einer kleinen Gruppe von Gruselgewächsen, den fleischfressenden Pflanzen. So hinreißend ihr Anblick, so faszinierend ihre Tötungsmethode ist, so furchteinflößend sollte die zierliche Sumpfpflanze für ihre Opfer sein.

Mord? Nein, niedrige Beweggründe wie Mordlust und Verwerflichkeit kann man der Venusfliegenfalle eigentlich nicht vorwerfen. Sie ist auf tierische Opfer angewiesen – lebt sie doch an Orten, wo blanke Not sie zu solch drastischen Taten zwingt. Sie ist in Mooren und Sümpfen der südlichen USA heimisch, dort herrscht extreme Nährstoffarmut. Wie jedes pflanzliche Wesen bezieht sie ihre Lebensenergie zwar aus dem Sonnenlicht; zum Wachsen und Gedeihen sind jedoch auch Stickstoffverbindungen unabdingbar. Und die sind in Mooren absolute Mangelware. Also versucht die Venusfliegenfalle, diesen Bedarf mit tierischer Nahrung zu decken.

Damit das gelingt, hat die Venusfliegenfalle eine ausgeklügelte, aktive Falle entwickelt. Ihre Blätter erinnern an ein Tellereisen: Zwei rundliche Hälften, über ein Scharnier verbunden, mit spitzen Randborsten und empfindlichen Fühlborsten besetzt. Scharf gemacht, glänzen die weit auseinandergeklappten Blatthälften rötlich. Neugierige Insekten, die über die Blätter krabbeln, haben sogar die Chance, der tödlichen Falle zu entgehen – denn erst, wenn sie innerhalb von 30 Sekunden zwei der drei Fühlborsten hintereinander berühren, schnappt das Blatt schlagartig zu, indem sich der Flüssigkeitsdruck in Stiel und Blättern blitzschnell ändert. Rezeptoren prüfen, ob es sich wirklich um verwertbare Nahrung handelt. Wird Eiweiß registriert, zieht sich das Blatt immer enger um die Beute, werden Verdauungssekrete ausgeschieden. Die Mahlzeit dauert mehrere Tage, dann öffnet sich das Blatt wieder und harrt auf neue Opfer.

*Die höchstens handtellergroße Pflanze erlangte filmische Größe, als Roger Corman (*1926) sie in „Little Shop of Horrors", einem Klassiker des Genres, zur sprechenden und menschenfressenden Hauptdarstellerin „Audrey jr." kürt.*

Gluck, gluck, und weg: Wasserschlauch

68

Gerade noch arglos im Wasser geschwommen, der tödlichen Gefahr völlig unbewusst, dann in zwei Millisekunden in einer Blase gefangen. Aus der gibt es kein Entrinnen, der Tod ist so sicher wie das Amen in der Kirche. Der Wasserschlauch *(Utricularia)* hat zugeschlagen!

„Fleischis", so nennen Liebhaber salopp wie liebevoll Karnivoren, also fleischfressende Pflanzen, zeichnen sich allesamt durch höchst erstaunliche Jagdmethoden aus. Auf den Leim gehen kleine Insekten den Klebefallen von Sonnentau *(Drosera)* oder Fettkraut *(Pinguicula)*. In die Grube fallen sie bei Kannen- *(Nepenthes)* und Schlauchpflanzen *(Sarracenia*, siehe Seite 118/119). Die Venusfliegenfalle *(Dionaea muscipula)* fängt sich ihre Beute mittels zuschnappender Klappen, ebenso die Wasserfalle *(Aldrovanda vesiculosa)*. Alles mehrfach erprobt und optimiert. Unnachahmlich und einzigartig sind dagegen die Fangblasen vom Wasserschlauch. Sie arbeiten nach dem Saugstrom-Prinzip und funktionieren einhundert Mal schneller als die Klappe der Venusfliegenfalle (siehe Seite 142/143).

Winzige, nur wenige Millimeter große Fangblasen an frei im Wasser schwimmenden Trieben pumpt der Wasserschlauch mithilfe von Drüsen aus, bis in ihnen ein kräftiger Unterdruck herrscht. Berührt ein Wasserfloh die empfindsamen Tentakel an der wasserdichten Eingangstür, klappt die Tür auf, und der Floh wird eingesogen. Sofort schließt die Klappe. Das Tierchen kann jetzt verdaut, seine nährenden Bestandteile vom Wasserschlauch aufgenommen werden.

Das Verschlucken der Beute beim Wasserschlauch läuft mit einer Geschwindigkeit von 1,5 Metern pro Sekunde ab, das entspricht in etwa 5 Stundenkilometern, so rasch läuft durchschnittlich ein Fußgänger. Damit gilt dies als eine der schnellsten Bewegungen im Pflanzenreich. Nur der Kanadische Hartriegel *(Cornus canadensis)* ist schneller: Seine Staubblätter entfalten sich innerhalb von nur 0,3 Millisekunden.

Der Wasserschlauch sucht seinesgleichen unter den Karnivoren, ist aber ein Minimalist in Sachen Erbgut. Er weist das kleinste Genom aller bislang untersuchten Pflanzen auf. Trotz seiner einzigartigen Fähigkeiten ist die DNA äußerst kompakt und fast frei von „Junk-DNA", also Abschnitten, die keinerlei Proteine sequenzieren. Weniger ist hier anscheinend mehr.

Sklaventreiber: Akazien

69

Dass Pflanzen mit Ameisen eine Lebensgemeinschaft eingehen, von der beide Seiten profitieren, dafür sind Ameisenbäume *(Cecropia*, siehe Seite 106/107) gute Beispiele. Allerdings gibt es auch Bäume, die sich nicht darauf verlassen wollen, dass ihre Leibwächter freiwillig bei ihnen bleiben. Bestimmte Akazienarten *(Acacia)* haben sich darauf verlegt, Ameisen regelrecht zu versklaven, sodass die kleinen Krabbler ihnen lebenslänglich auf Gedeih und Verderb ausgeliefert sind.

Für einen unbedarften Beobachter ist die Sklaverei nicht sofort ersichtlich. Wie auch bei anderen Bäumen erhalten Ameisen bei den Akazien Kost und Logis. Im Gegenzug halten sie den Bäumen Fressfeinde vom Leib. Allerdings verstehen es Akazien, sich die Ameisen buchstäblich von Kindesbeinen an gefügig zu machen. Wissenschaftler haben festgestellt, dass diese Ameisen samt und sonders an einer Unverträglichkeit für Saccharose leiden. Ausgerechnet Saccharose, den ganz normalen Haushaltszucker, der weltweit die absolute Lieblingsspeise aller Ameisen darstellt, können diese Ameisen nicht verdauen.

Was für ein Glück, könnte man denken, dass einzig und allein der Nektar der Akazien keine Saccharose enthält. Von wegen! Es handelt sich weder um einen Zufall noch um einen Glücksfall, sondern um eine perfide Strategie. Die Intoleranz haben die Ameisen nämlich den Akazien zu verdanken. Sobald eine frisch geschlüpfte Ameise zum ersten Mal Akaziennektar frisst, nimmt sie damit ein Enzym auf, das sie für den Rest des Lebens zum Akaziensklaven macht. Dieses Enzym ist für die Unverträglichkeit verantwortlich. Die Ameise verliert die Fähigkeit, Saccharose zu verdauen und muss deswegen wohl oder übel bis zum bitteren Ende der Akazie treu bleiben.

Die Ameisen-Schutzpatrouille verteidigt die Akazie nicht nur gegen hungrige Fressfeinde; die Tiere sorgen auch für eine besonders aktive Immunabwehr. Akazien, die Ameisen als Schutztruppen verköstigen und in besonderen Pflanzenkammern wohnen lassen, tragen deutlich weniger krankheitserregende Keime auf ihren Blättern als Bäume, die ameisenlos wachsen. Scheinbar wirken bestimmte Substanzen in den Ameisenbeinen wie eine Art Antibiotikum.

Serienkiller: Teufelszwirn

70

Graf Dracula, der berühmteste Blutsauger aller Zeiten, jagt jedem einen gruseligen Schauer über den Rücken. Vampire, und seien sie so schrecklich wie der Fürst dieser Untoten, kann man mit Knoblauch bannen. Gegen den Teufelszwirn jedoch, der gnadenlos den Lebenssaft aus seinen Opfern saugt, ist kein Kraut gewachsen.

Diese Pflanze besteht aus nichts weiter als aus einem dünnen, fadenförmigen Spross; demnach heißt sie auch verharmlosend Seide *(Cuscuta)*. Der Angriff geht der Nase nach: Einer Duftspur folgend findet die Seide zu ihrem Opfer. Wie eine Schlange windet sich das wurzel- und blattlose Gewächs zu ihm. Erst eine zarte Berührung, schon klebt sich der Teufelszwirn fest und weicht mit Hilfe von Enzymen das Gewebe des Pechvogels auf. Zellschläuche werden ausgefahren, die tief ins Innere des Opfers vordringen und es bei lebendigem Leib aussaugen.

Hat der Teufelszwirn erst einmal an seinem Opfer angedockt, gibt es kein Halten mehr. Genährt von den Körpersäften der Wirtspflanze wächst er schnell zu einem dichten Gewirr aus Fäden heran. Wie eine Spinne ihre Beute, umgarnt der Teufelszwirn die leidtragende Pflanze, sucht Nachbarpflanzen, bohrt sie an vielen Stellen an, schlürft immer mehr. Mit seinem dichten Gespinst nimmt er dem Opfer zudem das Licht. Schließlich bildet er winzige, rosafarbene Blüten und Früchte. Die kleinen Samen suchen sich neue Opfer. Während Teufelszwirne oder Seiden hierzulande durch konsequente Saatgutreinigung selten geworden sind, richten sie vor allem in tropischen Regionen immensen Schaden an. Durch einen Befall kann die Ernte komplett ausfallen.

Teufelszwirn, Hexengarn, Kletterhur – die Volksnamen drücken die Furcht vor den Schmarotzerpflanzen aus. Über 200 verschiedene Seidenarten gibt es auf der Welt. Jede Art bevorzugt ihre speziellen Wirtspflanzen, von Brennnessel über Flachs und Hülsenfrüchtler bis zu Tomaten. In den Tropen wüten Seiden in Kaffeeplantagen, Soja- und Getreidefeldern.

Kindsmord: Walnuss

71

Es ist die unbegreiflichste und verwerflichste Tat, die in allen Gesellschaften geächtet wird: wenn eine Mutter ihr eigenes Kind umbringt. Und doch gibt es solchen Infantizid, aus verschiedensten Gründen, durch alle Zeiten. Derartige Grausamkeit ist rein menschlich, möchte man meinen. Unter Pflanzen, den unschuldigen Wesen, völlig undenkbar. Von wegen!

Schockierende Tatsache: Pflanzen können töten! Sie bringen nicht nur ihre tierischen Fressfeinde mittels Giften und anderen Waffen zur Strecke, sondern machen auch vor ihresgleichen nicht Halt. Vom Walnussbaum *(Juglans regia)* ist bekannt, dass unter seiner Krone kaum etwas wächst. In Blättern und grünen Früchten steckt ein besonderer Stoff, der vom Regen ausgewaschen wird. Im Erdreich werden diese K.-o.-Tropfen von Mikroorganismen zu Juglon (für die schwarze Farbe von Walnusslikör verantwortlich) umgebaut. Juglon ist ein Gift, das Pflanzen am Keimen und Wachsen hindert. Der Baum schreckt nicht davor zurück, dieses Gift auch gegen den eigenen Nachwuchs einzusetzen. Die in den Walnüssen steckenden Embryonen gehen jämmerlich zugrunde. Der Mutterbaum mordet seine eigenen Kinder und bleibt so uneingeschränkter Nutznießer des Areals, das sein Blätterdach überspannt.

Ähnlich wie Walnuss und Eukalyptus agiert auch der Apfelbaum *(Malus)*. Er reichert über sein Wurzelwerk Phloretin im Boden an. Wie das Juglon beseitigt Phloretin nicht nur unliebsame Konkurrenz im Unterwuchs, sondern vergiftet zudem den eigenen Nachwuchs.

Das Juglon aus dem Walnussbaum wird als Pflanzenschutzmittel gegen die gefährliche Obstbaumkrankheit Feuerbrand eingesetzt. Als „soft chemical" ist es eine umweltverträgliche Alternative zu den sonst verwendeten Antibiotika, auch für den biologischen Obstbau. Phloroglucin aus dem Apfelbaum steckt auch in manchen Medikamenten gegen Diabetes, es hemmt die Zuckeraufnahme ins Blut und fördert dessen Ausscheidung über den Urin.

Giftigste Pflanze Europas: Eisenhut

72

Willkommen im Garten der Gifte! Wenn es um Giftmischerei geht, gehören Pflanzen zu den Meistern. Um sich gegen angriffslustige Fraßfeinde zu wehren, haben sie perfide Cocktails erfunden. Für den Menschen sind die meisten dieser chemischen Kampfstoffe nicht wirklich gefährlich. Allein die Dosis macht das Gift, wie Paracelsus (1493–1541) so treffend bemerkte. Schon kleinste Mengen von der richtigen Pflanze können genügen, um auch einem Homo sapiens gehörig den Appetit zu verderben – auf ewig.

Als giftigste Pflanze Europas gilt der Blaue Eisenhut *(Aconitum napellus)*. Mit seinen dunkelblauen Blüten fällt er an feuchten Stellen in den höheren Lagen der Mittelgebirge und in den Alpen sofort ins Auge. Alle Teile enthalten hochgiftige Alkaloide, die Wurzel besonders viel. Weil das Gift fettlöslich ist, wird es auch über die Haut aufgenommen. Allein der Kontakt mit der Pflanze kann dazu führen, dass die Körperteile taub werden. Kleinste Mengen der Wurzel rufen nervöse Übelkeit, Schwindel, Herzrhythmusstörungen und Krämpfe bis hin zum Kreislaufversagen hervor. Bereits 2 Gramm gelten als tödlich. Der Tod tritt meistens durch Lähmung der Atemmuskulatur ein. Prognose bei Eisenhutvergiftung: kritisch bis letal.

Auch der Gelbe oder Wolfs-Eisenhut *(Aconitum lycoctonum)*, in feuchten Wäldern und schattigen Wiesenstücken daheim, ist extrem giftig. Sein Name weist noch darauf hin, dass man mit seinem Saft früher Köderstücke vergiftet hat, um Wölfe damit zu töten. Der antiken griechischen Mythologie zufolge ist er aus dem Geifer des Höllenhundes Zerberus entstanden, der den Eingang zur Unterwelt bewacht, damit kein Lebender eindringt und kein Toter entfliehen kann.

Mit dem Gift der Eisenhüte wurden im antiken Griechenland Schwerverbrecher hingerichtet. Im Mittelalter war es das beliebteste Mittel zum Mord. William Shakespeare (1564–1616) meinte, es wirke so rasch wie Schießpulver. Bis in die heutige Zeit wird Aconitin genutzt, wenn auch nur zu literarischen Morden wie bei Agatha Christie (1890–1976) oder als Zutat in Zaubertränken bei Harry Potter.

Die tödlichsten Samen des Planeten: Rizinus

73

Geht es noch gefährlicher? Kaum vorstellbar, dass eine Pflanze noch giftiger sein kann als der Blaue Eisenhut. Und doch gibt es sie; ihr wissenschaftlicher Name ist sogar sehr geläufig. Und sie wird sehr oft als imposante Zierpflanze gezogen – wobei kaum jemand weiß, welch tödliches Potenzial in ihr steckt.

Giftig ist hier nicht die ganze Pflanze, sondern die Heimtücke steckt in Form eines hochgiftigen Eiweißstoffs in den Samenschalen: 0,25 Milligramm davon sind gewöhnlich tödlich. Das Gift wirkt schleichend, es führt nach zwei oder mehr Tagen zu einer Verklumpung der roten Blutkörperchen und unter Erbrechen und Krämpfen zu einem Zusammenbruch des Kreislaufs. Es gibt keinerlei Gegengift!

Das Gift ist derartig bedrohlich, dass es sogar in der Biowaffenkonvention und Chemiewaffen-Konvention (CWC) der Vereinten Nationen gelistet ist. Die Rede ist von Rizin, dem Gift aus der Rizinuspflanze, botanisch *Ricinus communis,* auch Wunderbaum oder Palma Christi genannt. Einer der berühmtesten Morde mit Rizin ist das Regenschirmattentat auf den bulgarischen Schriftsteller und Dissidenten Georgi Markow (1929 bis 1978) in London am 7. September 1978. Man stach ihm auf der Waterloo Bridge mit einem Regenschirm eine kleine Kugel in die rechte Wade, die mit Rizin präpariert war. Drei Tage später war Markow tot.

Bezüglich Giftigkeit stehen den Rizinussamen die Paternostererbsen *(Abrus precatorius)* mit ihrem Gift Abrin nicht viel nach. Die erbsengroßen, glänzend schwarz-rot gefärbten Samen stammen von einer tropischen Schlingpflanze. Wegen ihrer auffälligen Färbung hat man die harten Samen gern wie Perlen in Rosenkränzen oder für Schmuck verwendet – ebenso wie die anmutig gemusterten Rizinussamen. Das Durchbohren und auch das unbedachte Lutschen oder Kauen beim Paternosterbeten hat allerdings so mancher schon mit dem Leben bezahlt.

Das als Abführmittel bekannte, aber auch in der Kunststoffindustrie und in der Kosmetik viel genutzte Rizinusöl ist bei sachgemäßer Dosierung hochwirksam, aber völlig ungiftig. Es wird durch Kaltpressung aus den Samen gewonnen; das giftige Rizin in den Schalen ist jedoch nur wasserlöslich und geht nicht ins Öl über.

74

Das schlimmste Unkraut der Welt: Wasserhyazinthe

Wer einen Garten bewirtschaftet oder eine Landwirtschaft betreibt, kämpft stets mit Unkraut. Unkraut, so nennen Gärtner und Bauer Pflanzen, die unerwünscht sind und zu den eigentlichen Kulturpflanzen in Konkurrenz stehen. Während dem Gärtner eine Rose hochwillkommen, ein spontan aufgegangener Weizen dagegen unliebsam ist, wird der Landwirt die Rose im Weizenfeld als Unkraut abtun. Viele meinen, Giersch *(Aegopodium podagraria)* und Ackerkratzdistel *(Cirsium arvense)* seien die fürchterlichsten Unkräuter überhaupt. Da kennen sie aber Nussgras und Wasserhyazinthe nicht!

Unter den „worst weeds", den weltweit am meisten verbreiteten, am schwersten zu bekämpfenden und am schädlichsten eingestuften Unkräutern steht ein Sauergras, verwandt mit dem Papyrus *(Cyperus papyrus)*, an erster Stelle. Das Nussgras *(Cyperus rotundus)*, auch Knolliges Zypergras genannt, stammt ursprünglich aus der Alten Welt, hat sich aber mindestens in 92 Ländern der Welt inmitten von 52 Nutzpflanzenkulturen ausgebreitet – so weit wie kein anderes Wildkraut. Es gedeiht nahezu überall, erträgt Hitze und Trockenheit, vermehrt sich schnell über Wurzelausläufer und regeneriert sich in kürzester Zeit. Noch ist es vor allem in den Tropen und Subtropen ein Problemgras; durch den Klimawandel könnte sich das aber bald ändern.

In den gemäßigten Breiten Einzug gehalten hat bereits eine nahe Verwandte des Nussgrases. Die Erdmandel *(Cyperus esculentus)* kennt man wegen ihrer nussig schmeckenden, glutenfreien Knollen als eine besonders bei Veganern und Vegetariern beliebte Gemüsespezialität. Neben der harmlosen Kulturform gibt es aber auch aggressive, konkurrenzstarke Formen, die kräftig auf dem Vormarsch sind. Die Pflanzenschutzorganisation für Europa und den Mittelmeerraum (EPPO) führt die Erdmandel auf der Liste der "Invasive Alien Plants" und empfiehlt, sie mit Nachdruck zu bekämpfen.

Die Dickstielige Wasserhyazinthe *(Eichhornia crassipes)* gibt sich mit lavendelfarbenen Blütentrauben ungemein attraktiv. Aufgeblähte Blattstiele dienen der einjährigen Pflanze als „Schwimmflügel". Innerhalb von nur zwei Wochen kann sich eine Population verdoppeln. Bei solcher Vermehrungsfreude treiben vom „schönen Monster" bald riesige Flottillen auf den Gewässern.

Anders als in ihrer Heimat, dem Amazonasgebiet in Südamerika, wuchert die Wasserhyazinthe überall sonst hemmungslos alle Wasseroberflächen zu, wenn es nur genügend warm ist. Die Unterwasserflora und die Fische ersticken unter ihr, die Schifffahrt wird blockiert, Bewässerungskanäle verstopft, Wasserkraftwerke lahmgelegt. Zu allem Überfluss lauern auch noch Krokodile in den dichten Verstecken.

Wasserhyazinthen versucht man durch geschickte Nutzung in Schach zu halten. Getrocknete Stängel dienen als Flechtmaterial, große Mengen wandern zur Energieerzeugung in Biomasse-Kraftwerke. Forscher arbeiten daran, Wasserhyazinthen zur Eiweißgewinnung zu verwenden, für Futter und als Nahrungsmittelgrundstoff.

In den Klauen des Satans: Teufelskralle

75

Botanisch interessierte Menschen haben als Teufelskrallen hübsche Blumen aus der Familie der Glockenblumengewächse im Kopf. Unter Teufelskralle verstehen viele auch ein medizinisches Präparat gegen degenerative Gelenkerkrankungen, entzündliches Rheuma oder Rückenschmerzen. Versierte Botaniker denken bei Teufelskralle an ein Gewächs mit gemeingefährlichen Früchten.

Harmlos bleiben die Teufelskrallen *(Phyteuma)*, die ihrem Namen nach meist tief dunkelblau, fast schwarz gefärbte, hornartig gekrümmte Einzelblüten tragen. Mehrere verschiedene Arten kommen in Mitteleuropa vor; einige gelten als besonders wertvolle Wildgemüse. Gefährlicher sind da schon die Afrikanischen Teufelskrallen *(Harpagophytum procumbens)*, die mit dem Sesam *(Sesamum indicum)* verwandt sind. Aus der Wurzel dieser in den Savannen Namibias und Südafrikas heimischen Pflanze werden Heilpflanzenpräparate gewonnen.

Ihre Früchte sehen bizarr aus: vielfach verzweigt, an den Enden ankerartige, scharfe Widerhaken, sogenannte Trampelkletten. Tritt ein vorbeiziehendes Tier darauf, klammern sich die Früchte ins Fell, an die Fußballen, zwischen die Klauen oder unter die Hufe, und werden so verbreitet. Dumm nur, wenn sich die Früchte nicht bald wieder von den Füßen lösen, sondern die Widerhaken tief ins Fleisch bohren. Sie können zu eiternden Wunden führen und die Tiere so stark behindern, dass sie sterben.

Ähnlich gemein verhalten sich die Früchte vom Teufelsdorn *(Dicerocarium senecioides)*. Ihre Form erinnert fatal an eine Reißzwecke, und ebenso funktionieren sie. Der tropische Burzeldorn *(Tribulus terrestris)* eifert ihm nach; die Früchte haben unangenehme Stacheln, die sich bei leisester Berührung sofort in die Haut bohren. Amerikanische Gemshornarten *(Proboscidea)* wiederum bilden Kapseln, die an der Spitze in zwei ungewöhnlich lange, gekrümmte Hörner ausgezogen sind. Da die Pflanzen auf dem Boden kriechen, verklemmen sich die Früchte an den Extremitäten und lassen sich als blinde Passagiere wie Kletten mittragen. Auch hier kann es dazu kommen, dass sich die Hörner durch die Haut stechen und schwerwiegende Verletzungen verursachen. Halbreife Früchte, pikant in Essig eingelegt, gelten jedoch als Delikatesse.

Der botanische Name Harpagophytum procumbens *lässt sich mit „kriechende Enterhakenpflanze" übersetzen. Die skurrilen Hakenfrüchte dienen wohl nicht allein der Verbreitung, sondern auch dem besseren Halt im losen Sandboden bei der Keimung. Tiere, die sich solche Teufelskrallen eintreten, leiden große Schmerzen und führen oft wahre Teufelstänze auf, um die peinigenden Trampelkletten loszuwerden.*

76

Teddybär des Grauens: Jumping Cholla

Von Weitem wirkt der Kaktus so knuddelig und flaumig wie ein kuscheliger Teddybär. Je mehr man sich nähert, desto offensichtlicher wird seine Heimtücke. Das scheinbar weiche Fell entpuppt sich als buschiger Besatz von stacheligen Dornen. Sie sitzen dicht an dicht auf den „Ärmchen“, den zylindrischen Trieben.

In der Mojave- und Sonora-Wüste Nordamerika gibt es nicht wenige Menschen, die steif und fest behaupten, von diesem dort weitverbreiteten Kaktus aus dem Hinterhalt überfallen worden zu sein. Regelrecht angesprungen habe er sie, sich mit seinen Dornen durch ihre Kleidung und Schuhe bis tief ins Fleisch gebohrt. „Jumping Cholla“, springender Kaktus, nennt man den Teddybär-Cholla *(Cylindropuntia bigelovii)* deshalb auch. Tatsächlich genügt die leiseste Berührung, schon verhakt sich ein Trieb und bricht ab. Man schleppt ihn dann unfreiwillig mit, durch die Bewegungen dringen die Dornen immer weiter vor. Die mehrere Zentimeter langen Dornen verursachen nicht nur große Schmerzen, sie lassen sich auch nur äußerst mühsam entfernen. Denn ihre Oberfläche ist mit feinen Widerhaken gespickt.

Eine heimische Klette *(Arctium)* ist schon lästig, aber gegenüber diesem fiesen kleinen Kaktus eine regelrechte Streichelpflanze. Bei ihr sind die Hüllblätter des Blütenkopfes lang ausgezogen und enden in einem Haken. Wie Häkelnadeln krallen sie sich in Fell oder Stoff. Klette wie Kaktus haben nur eines im Sinn: Ihre Vermehrung und Ausbreitung. Die Klette heftet vorbeistreifenden Tieren oder Passanten ihre Früchte an, der Teddybär-Cholla verlässt sich eher auf vegetative Vermehrung. Ganze Triebteile trampen ein Stück des Wegs mit Wüstentieren oder Wüstenbesuchern. Schon bald lösen sich die Triebteile von den Dornen, fallen zu Boden und schlagen neue Wurzeln. Dumm nur, dass die Dornen als gemeine Hinterlassenschaft beim „Chauffeur“ bleiben.

Die dicken, steifen Dornen des Teddybär-Chollas sitzen in Grüppchen auf warzenartigen Fortsätzen. Sie sind von einer papierartigen Hülle ummantelt und erscheinen deshalb hellgelb bis fast weiß. Die Wehrhaftigkeit verleiht dem Kaktus nicht nur eine Möglichkeit zur Verbreitung, sondern bietet auch besten Fraßschutz. Zugleich wirkt der dichte Stachelpelz als Schutz gegen die intensive Wüstensonne.

Die Speisung der Zehntausend: Kürbis

77

Wenn ein Baum eine Frucht hervorbringt, die das Gewicht eines Menschen auf die Waage bringt, dann tut er gut daran, diese Monsterfrüchte nicht wie Äpfel oder Birnen an den Zweigen wachsen zu lassen, sondern direkt am Stamm. Genauso macht es der Jackfruchtbaum *(Artocarpus heterophyllus)*: Mit bis zu 60 Kilogramm pro Stück ist die Jackfrucht die größte und schwerste Frucht der Welt, die an einem Baum wächst.

Ihr reifes Fruchtfleisch duftet und schmeckt im reifen Zustand nach Bananen und Ananas. Es birgt bis zu 500 stärkehaltige Samen, die zu Mehl verarbeitet werden können. Aus dem unreifen Fruchtfleisch kocht man beispielsweise in Sri Lanka schmackhafte Gemüsecurrys. Die stärkehaltigen Samen können zu Mehl verarbeitet werden und haben mehr wertvolle Inhaltsstoffe als Mais oder Weizen.

Ursprünglich in den Kardamombergen im Süden Indiens zu Hause, wird der Jackfruchtbaum heute in fast allen tropischen Gebieten der Welt angebaut. In Indien laufen derzeit wissenschaftliche Untersuchungen, die das Potenzial der Jackfrucht als künftiges Grundnahrungsmittel erforschen. Im Gegensatz zu Reis, Weizen und Mais benötigt der Jackfruchtbaum keine künstliche Bewässerung und kommt sowohl mit längerer Trockenheit als auch mit sintflutartigen Regenfällen gut zurecht. Eigenschaften, die in Zeiten des Klimawandels immer wichtiger werden. In Zukunft könnte die Monsterfrucht eine zentrale Rolle in der Ernährung von Milliarden von Menschen spielen.

Aber es geht noch viel größer und noch viel schwerer: Im baden-württembergischen Ludwigsburg wurde im Jahr 2014 erstmals ein Kürbis *(Cucurbita pepo)* geerntet, der mehr als 1 Tonne Gewicht auf die Waage brachte. Der Zeiger blieb tatsächlich bei sage und schreibe 1054 Kilogramm stehen. Derartige Rekorde sind allerdings nicht ohne menschliches Zutun möglich: Jahrzehntelange Zuchtauswahl und die Zufuhr einer Unmenge von Nährstoffen, reichliches Bewässern und sorgsame Pflege über viele Wochen waren dafür notwendig. Botanisch gesehen handelt es sich beim Kürbis um eine Beere, wegen der außerordentlich dicken Haut auch als Panzerbeere bezeichnet. Der Ludwigsburger Kürbis der Sorte `Atlantic Giant´ darf sich deswegen mit Fug und Recht des Attributs „größte Frucht der Welt" rühmen. Aus seinem Fruchtfleisch könnte man gut und gerne 1400 Liter Suppe kochen. Die Speisung der Zehntausend wäre damit sichergestellt.

Kürbisse sind riesig im Vergleich zu vielen anderen Früchten. Mega-Kürbisse, die nur mittels Gabelstapler vom Feld zu bewegen sind, erfordern viel Aufwand in der Kultur: bis zu 100 Quadratmeter Platz und 200 Liter Wasser pro Tag, vom Dünger ganz zu schweigen. In der letzten Phase ihres Reifens legen die Kolosse um 20 bis 30 Kilogramm zu, pro Tag!

Nachtrag: Eine Sensation jagt die nächste!

In Sensation 20 (Seite 46/47) haben wir beschrieben, wie sensationell eklig die Blüte der Titanenwurz nach Aas und Verwesung riecht. Dabei haben wir auch erwähnt, dass Menschen oft weite Wege oder lange Wartezeiten in Besucherschlangen vor dem Eingang eines Botanischen Gartens in Kauf nehmen, um die Blüte einer Titanwurz zu erleben, weil sie so ein seltenes Phänomen darstellt.

Ein glücklicher Zufall wollte es, dass während der Entstehungszeit dieses Buchs eine Titanenwurz im Ökologisch-Botanischen Garten der Universität Bayreuth zur Blüte kam. Am 1. August 2014 entfaltete die Pflanze unter großer Anteilnahme der Öffentlichkeit ihre eigentümliche, stinkende Riesenblüte. Die Besucher kamen in Scharen, jeder wollte ein Bild von sich mit diesem bizarren Geschöpf. Alle waren sich einig: So etwas ist wirklich sensationell!

Als dieses Buch eigentlich schon fertig war, zeichnete sich die nächste Sensation ab: Am 6. Juni 2015 meldete der botanische Garten Bayreuth: „Rekord! Zweite Titanwurzblüte innerhalb eines Jahres!“ Normalerweise bildet die Titanwurz nach der Blüte zunächst ein Blatt, um wieder Kraft für die nächste Blüte zu sammeln. Gewöhnlich vergehen viele Jahre, bis überhaupt eine zweite Blüte angelegt wird. Dass die Bayreuther Pflanze statt eines Blatts gleich die nächste Blüte hervorbrachte, verblüffte selbst die Experten. So verbreitete die Rekordpflanze ihre unnachahmliche Duftwolke innerhalb von 10 Monaten gleich zweimal.

Den bisherigen Rekord hatte ein Titanwurz der Universität Basel gehalten. Dieselbe Pflanze, die zu Ostern 2011 blühte, trieb ab dem 8. Oktober 2012 abermals eine Blüte, die sich schließlich am 18. November 2012 öffnete. Diese Zeitspanne hatte bisher als der kürzeste Zeitabstand gegolten, der je bei einer Titanenwurzblüte beobachtet wurde.

1889 blühte in den Royal Botanical Gardens von Kew (London) zum ersten Mal eine Titanenwurz außerhalb ihrer Heimat: eine ungeheure Sensation! Inzwischen wächst die riesige Blume in vielen Botanischen Gärten den Gärtnern über den Kopf. Das Schauspiel lockt stets unzählige Besucher an, denen es bis zum Grande Finale in doppeltem Wortsinn den Atem verschlägt.

Bildnachweis

Die Nummern beziehen sich auf die der Pflanzensensation, nicht auf die Seitenzahl.

Bedek, Wilfried 23, 37 r, 49 r, 63 r
Berg, Christian 69 l
Bock, Jochen, Rendsburg 16 l, 16 r
Dehler, Brigitte 4 l
Dräxl, Stephan, Helmholtz Zentrum, München 17 l, 17 r
Evans, Anthony, Bioglow 54 r
Fotolia, duelune 51 l
Fotolia, ead 1
Fotolia, petrenkoua 3 l
Fotolia, Tamara Kulikova 53
Fotolia, Tylinek 40
Fotolia, Weeseetheworld 28 r
Fotolia, yodm24 51 r
Fries, Oliver 2 r
Gerlach, Günter 52 r
Haas, I. Botanischer Garten und Botanisches Museum Berlin-Dahlem 4 r
Janßen, David, Flora Emslanda 44 l, 44 r
Kashi, Uriel 35 r
Lauerer, Marianne S. 165
Meier, Prof. Richard, Neptuthem 7 l, 7 r
Plowes, Darrel 75
Randall, John 66
Schmidt, Andrew 49 M
Schön, Hans 58, 58 r
Schowalter, Edith 15 r, 25 l, 25 M, 25 r, 30 r, 36 l, 36 r, 41 l, 41 r, 48 l, 48 r, 56 r, 65 r, 69 r
Thomas, Roland 27 l
Thomasser, Andreas 5, 14 l, 14 r, 30 l, 38 l, 38 r, 56 l, 56 M, 61 r, 62 l, 62 r, 68 l, 68 r, 70 l, 70 r
Ullmann, Wolfgang 20 l, 20 r
Upson, Rebecca 6

Alle anderen Fotos stammen von Karin Greiner.

Wir haben uns bemüht, die Urheberrechtsinhaber zu nennen, möchten uns aber für eventuelle, unbeabsichtigte Auslassungen entschuldigen und sind gerne bereit, in künftigen Auflagen dieses Buches Ergänzungen vorzunehmen.

Die Autorinnen

© Uwe Lessel

Karin Greiner, Diplom-Biologin, hat Natur und Pflanzen zu ihrer Berufung gemacht. Ihr Wissen und ihre Erfahrungen rund um den Garten hat sie in zahlreichen Büchern und Zeitschriften publik gemacht. Mit großem Vergnügen zeigt sie in Lehrgängen und Veranstaltungen, welche Faszination in Kräutern, Bäumen und Lebensräumen steckt. Sie ist nicht nur als Leiterin des Dozententeams bei der Gundermann-Naturerlebnisschule für Kräuterpädagogen und NaturCoach aktiv, sondern seit vielen Jahren als Pflanzenexpertin bei Bayern 1 im Bayerischen Rundfunk (im Bild links, © Uwe Lessel).

Edith Schowalter ist Hörfunkjournalistin beim Bayerischen Rundfunk mit den Schwerpunkten Pflanzen, Natur und Umwelt. Ihre Recherche-Reisen führen sie um die ganze Welt. Die meisten ihrer Reisereportagen hat sie über ihren Lieblingskontinent Australien veröffentlicht. Privat verbringt sie viel Zeit in ihrem Garten, der den Haushalt nicht nur mit frischem Obst und Gemüse, sondern auch mit einer Vielzahl von Gewürz- und Heilkräutern versorgt.

MIX
Papier aus verantwortungsvollen Quellen
FSC® C012536

Impressum
Verlagsgruppe Random House FSC® N001967
Das für dieses Buch verwendete FSC®-zertifizierte Papier *Profisilk* liefert Sappi, Alfeld.

1. Auflage

Umschlaggestaltung, Sofarobotnik, Augsburg und München
Satz und Layout: Monika Pitterle/DVA
Lithografie: Helio Repro, München
Druck und Bindung: Druckerei Theiss,
St. Stefan im Lavanttal/Österreich

Printed in Austria
ISBN 978-3-421-03993-4
www.dva.de